武汉纺织大学学术著作出版基金资助出版

分布式优化与常微分方程

陈蕊娟　等著

中国纺织出版社有限公司

内 容 提 要

近年来，随着云计算、大数据、人工智能等新兴技术的蓬勃发展，分布式优化在大规模计算、机器学习等领域得到了广泛应用。

本书主要研究内容包括分布式优化与常微分方程之间的关系、加速分布式优化算法设计与分析，并针对小步长、理论收敛速度局限性导致算法收敛速度慢的问题展开深入研究。建立了分布式优化问题、算法与常微分方程之间联系的框架，设计并分析了加速分布式优化算法及其收敛性，并取得加速收敛速度的效果，在大规模计算、机器学习、联邦学习和隐私保护等领域有良好的应用前景。

本书适合计算数学和控制科学与工程专业的师生及相关从业人员阅读。

图书在版编目（CIP）数据

分布式优化与常微分方程 / 陈蕊娟等著. --北京：中国纺织出版社有限公司，2023. 3

ISBN 978-7-5229-0160-2

Ⅰ. ①分… Ⅱ. ①陈… Ⅲ. ①常微分方程 Ⅳ. ①O175. 1

中国版本图书馆 CIP 数据核字（2022）第 239013 号

责任编辑：宗 静 亢莹莹 责任校对：楼旭红
责任印制：王艳丽

中国纺织出版社有限公司出版发行
地址：北京市朝阳区百子湾东里 A407 号楼 邮政编码：100124
销售电话：010—67004422 传真：010—87155801
http://www. c-textilep. com
中国纺织出版社天猫旗舰店
官方微博 http://weibo. com/2119887771
三河市宏盛印务有限公司印刷 各地新华书店经销
2023 年 3 月第 1 版第 1 次印刷
开本：710×1000 1/16 印张：8
字数：155 千字 定价：88. 00 元

前　言

近年来，随着云计算、大数据、人工智能等新兴技术的蓬勃发展，分布式优化在大规模计算、机器学习等领域得到了广泛应用。分布式优化旨在利用网络化多自主体之间的协作来最小化整个网络中局部目标函数之和，目前主要采用分布式梯度法及其加速变形等基于梯度的方法来求解这类问题。然而，基于梯度的加速分布式优化算法存在收敛速度慢的现象。一方面，当目标函数为光滑强凸函数时，现有加速算法的步长严格依赖于目标函数条件数，使步长充分小时才能保证算法收敛，而算法收敛速度与步长正相关，从而导致了算法收敛速度较慢。另一方面，当目标函数为光滑凸函数时，现有加速算法最优收敛速度为 $O(1/k^{1.4})$ （k 是迭代次数），低于同条件下集中式 Nesterov's 加速算法的最优收敛速度 $O(1/k^2)$ 。本书针对上述小步长、理论收敛速度局限性导致算法收敛速度慢的问题展开深入研究，主要工作内容如下：

针对小步长导致加速算法收敛速度慢的问题，由于回归问题中通常使用均方误差来衡量模型的好坏，因此考虑目标函数为二次函数时的分布式优化问题，提出了隐式 Euler 加速分布式优化算法。基于现有加速分布式优化算法，通过计算其步长趋于零时的极限得到一个二阶线性常微分方程，利用隐式 Euler 方法对微分方程离散化，由此提出了加速分布式优化算法 Im-DGD 并证明了其收敛性。由理论分析可知算法 Im-DGD 的步长与 $\varkappa$ 无关，并且是原算法步长的近 $\varkappa$ 倍，其中 $\varkappa > 1$ 是目标函数条件数。实验结果表明，所提出的算法 Im-DGD 在二次函数情形下实现了较原算法更快的收敛速度。

由于分类问题中通常使用对数函数、指数函数等作为损失函数，因此进一步考虑目标函数为一般非线性函数时小步长导致算法收敛速度慢的问题，提出了辛格式加速分布式优化算法。基于现有加速分布式优化算法，通过计算其步长趋于零时的极限得到一个二阶非线性常微分方程，利用显-隐式方法对微分方程进行离散化，由此提出了加速分布式优化算法 Sym-DGD 并证明了其收敛性。由理论分析可得算法 Sym-DGD 的步长与 $\varkappa$ 无关，并且是原算法步长的近 $\varkappa$ 倍。实验结果表明，所提出的算法 Sym-DGD 在一般非线性函数情形下实现了较原算法更快的收敛速度。

针对现有加速算法具有最优收敛速度为 $O(1/k^{1.4})$ 的自身局限性，考虑目标函数为光滑凸函数情形，提出了一种具有最优收敛速度的校正加速分布式优化算法。通过矩阵诱导范数定义距离生成函数，运用变分法得到一个二阶常微分方程，在微分方程离散化时引入辅助序列，由此提出了校正加速分布式优化算法 CoAcc-DGD 并证明了其收敛性。实验结果表明，所提出的算法实现了基于梯度方法的理论最优收敛速度 $O(1/k^2)$。

机器学习中常通过在损失函数中添加 L2 正则项以降低模型复杂度，使光滑凸的损失函数具备了强凸特性，因此进一步考虑目标函数为光滑强凸函数情形，提出了具有高阶收敛速度的隐式 Runge-Kutta 加速分布式优化算法。通过变分法得到分布式二阶常微分方程，利用 A-稳定的 Runge-Kutta 方法对微分方程离散化，由此提出了加速分布式优化算法 D-ImRK 并证明了其高阶收敛性。实验结果表明，所提出的算法 D-ImRK 实现了更快的高阶收敛速度。

综上所述，针对算法中关于步长的严格约束和理论收敛速度局限性导致算法收敛速度慢的科学问题，本书提出了加速算法 Im-DGD 和 Sym-DGD，克服了小步长导致的算法收敛速度慢的问题；提出了具有最优收敛速度 $O(1/k^2)$ 的加速算法 CoAcc-DGD 和更快的高阶收敛算法 D-ImRK，克服了算法理论收敛速度局限性导致的算法收敛速度慢的问题。取得分布式优化算法加速收敛速度的效果，在大规模计算、机器学习等领域有良好的应用前景。

著　者

2022 年 10 月

目　录

第1章 绪论

1.1 研究背景与意义

大量工程实践、管理决策中的实际问题都可以建模为一个优化问题，优化理论在自动控制、调度、机器学习、压缩感知等方面发挥着重要作用[1]。最优化问题是应用数学的一个分支，顾名思义，是指在一定的条件限制下，选取某种方案使目标达到最优的一种方法。许多科学工程领域的核心问题最终都归结为优化问题。随着大数据、机器学习和人工智能的迅猛发展，作为这些应用问题的核心数学模型，最优化问题遇到了千载难逢的发展机遇。随着信息技术的跨越式发展，近年来，人工智能迎来了一波喷涌式发展。在人工智能的这次发展浪潮中，机器学习奠定了人工智能在统计意义上的基础和合理性，对应的优化算法和配套的硬件计算能力确保了人工智能在实现上的正确性和有效性。

机器学习是一门多领域交叉学科，涉及计算机科学、概率统计、最优化理论、控制论、决策论等多个学科，其关注的核心问题都是如何用计算的方法模拟人类的学习行为，从历史经验中获取规律或模型，并将其应用到新的类似场景中。特别地，从学习目标的角度机器学习可以大体分成回归、分类、排序等类别，不同类别之间的主要差别在于机器学习模型输出的格式，以及如何衡量输出的准确程度。具体而言，在回归问题中，模型的输出值一般是一个连续的标量，常用模型输出与真值之间的最小平方误差来衡量模型的准确程度。而在分类问题中，模型的输出是一个或多个类别标签，通常使用0-1误差及其损失函数来衡量模型的准确程度。在排序问题中，模型的输出是一个经过排序的对象列表，通常采用序对级别或列表级别的损失函数来衡量模型的准确程度。对于大多数机器学习算法，无论是有监督学习、无监督学习还是强化学习，最后一般都归结为求一个目标函数的极值，即最优化问题。例如，对于有监督学习，目标是要找到一个最佳的映射函数，使对训练样本的损失函数或经验风险或结构风险的最小化；或是找到一个最优的概率密度函数，使对训练样本的对数似然函数极大化，即最大似然估计。因此，最优化方法在机器学习算法的推导与实现中占据中心地位。

目前，图像识别、目标检测、语音识别等算法在准确性上所表现出的显著提高离不开机器学习及其对大数据的训练方法。而所谓的“训练方法”，主要是指利用训练数据集找到一组参数，使由这组参数决定的函数或映射能够尽可能匹配训练数据的特征标签，同时，能在一定范围内对其他数据的特征做出预测，给进一步决策提供参考。这里的参数估计问题，就是一个以拟合度为目标的最优化问题。我们根据目标函数的函数值、梯度值等信息，设计求解最优参数的迭代算法，因为数据量极大，所以传统的最优化方法往往不能胜任。此外，数字技术、智能技术、通信技术与感知技术的飞速发展促使了网络化系统的形成及其智能化改造。网络化系统被广泛应用，且不局限于电力系统、传感器网络、智慧建筑以及智慧工厂等。网络化系统包含大量相互连接的子系统（智能体），这些智能子系统需要相互协作来完成一个全局目标。由于网络化系统的分布式特性，传统的中心化算法并不适用于解决这类问题。需要强调的是，中心化计算架构还会受到诸多限制，如单点故障、高通信要求、海量计算负担及可扩展局限性。由于上述原因，需要使用分布式优化的方法来解决这些优化问题。

随着数据规模的急剧增长、问题复杂性骤然提高，集中式优化算法因受限于单机的计算瓶颈而难以应对大规模优化问题，这给最优化方法的研究带来了巨大的挑战。传统最优化方法的设计思想主要是通过传统的串行计算实现的，无法与硬件的并行架构完美兼容，这降低了传统最优化方法在具有大数据背景的应用领域的可适用性，限制了最优化模型的精度和效率。为突破这一困境，以分布式存储为基础、并行计算为核心的分布式优化应运而生，这也使最优化方法得到了比以往任何时候都更加广泛的应用。分布式优化算法与传统集中式优化相比较具有如下特点：

（1）在分布式优化中，包括局部目标函数和局部约束函数的个体局部数据无须传送至中心节点或被其他个体所共享，而且个体只需与其邻居个体进行局部的信息分享，因此无须一对一的全局通信，且网络的通信代价可得以减轻。即不依赖于中心节点，智能体无须与网络中其他个体一一进行信息交互，只需与其邻居进行局部的信息分享，有利于节约通信成本。

（2）个体可根据局部的量测、先验信息、偏好、动力学和物理约束等局部数据自主地决定局部目标函数或局部约束函数，优化所需要的信息和数据独立地存储在每个智能体中，智能体不需要与其他个体交换目标函数信息，有利于保护智能体的隐私，因而个体的隐私得到了保护，并且个体具有了一定的自主性。

(3) 个体可根据局部数据的变化即刻地对局部决策做出反应，使网络的适应性和灵活性得到增强。分布式优化算法可以被用来执行并行计算，有助于求解大规模问题。

(4) 通信图可以是时变的，分布式优化算法对通信拓扑结构的改变具有良好的鲁棒性，增强了网络的可扩展性。无须依赖任何中心节点使得网络的可扩展性得到增强，也使即插即用的网络优化运行成为可能。

(5) “去中心”的分布式优化算法不存在单点故障问题，从而网络的鲁棒性得以提高。当然，因为个体可获得的信息受到限制，分布式优化可能无法取得集中式优化或分散式优化中丰富的算法形式及快速的收敛结果，但国内外的学者正努力建立更为完整的分布式优化理论。

在大数据时代，无论是生活中各种类型的传感器，还是用户规模庞大的互联网，它们时时刻刻都在生产数据。从手机上的高清照片，到医用 CT 图像，再到遥感卫星拍摄的地球摄影，无论数据量如何增长，人们都期待实时获得结果。而我们的生活之所以能够如此便利，如此丰富多彩，背后依靠的重要技术就是分布式优化。分布式优化算法有许多应用背景。在控制领域中以无人机编队举例来进行说明，如果一个无人机编队想要排成一个给定的队形如六边形等，此时编队中没有中心控制所有无人机的节点/服务器，那么其中的某架无人机想要控制自己的位置，就可以通过他身边邻近的无人机的位置信息来做出决策，从而决定自己在队形中的位置。其次，在边缘计算和云计算中，它的每一个终端节点都不靠近数据中心，因此它的每一个终端节点都必须能够自主地做出决策，并实现边缘计算的整体的最优决策，这也是分布式优化算法的应用场景之一。再如，在机器学习的训练中分布式优化也非常常见，目前的神经网络，机器学习等对计算资源的消耗比较高。单个处理器往往无法解决，因此一般会采用多个 GPU 或多个 CPU 的方式来加速计算。

近年来，随着云计算、大数据、人工智能等新兴技术的蓬勃发展，分布式优化受到了越来越多的重视，并逐渐渗透到科学研究、工程应用和社会生活的各个方面，尤其在大规模数值计算、机器学习、智能电网、传感器网络等领域具有重要的研究意义和应用价值。分布式优化是指利用网络化多自主体之间的协作来求解的一类优化问题，自主体之间的协作通常基于代数图来描述，且图的结构对分布式优化算法设计及性能具有显著影响。例如，现在智能电网中的大部分分布式优化工作没有考虑储能设备，但储能设备的重要性不能被忽略。因为分布式能源中的很多分支能源（如风能、太阳能等）不确定性因素太大，会导致供能侧能量供应波动过大，因此供能侧的多余能源需要被储存起来，保证其平稳性和可持续性。应用过程中的难点是多步优化问题，现有的工作也存有一些不足之处，在考虑储能的情况下，未考虑储能设备的效率，通信网络是无向固定的。

通常情况下，分布式优化指的是在利用网络化多自主体之间的协作来最小化整个网络中局部目标函数之和。多自主体协作的分布式算法可以大幅降低单自主体的计算负担，同时大规模传感器网络的发展为分布式优化算法提供了丰富的应用场景，如智能电网、车联网、无人机编队等，这极大地拓展了分布式优化算法的应用范围，促使分布式优化的理论研究不断取得新的成果。利用分布式来解决单个自主体计算能力和存储问题的技术，在学界和工业界均得到了充足的重视和发展，具体到机器学习而言，则发展出分布式机器学习这一领域，以更好地利用海量算力。下面以分布式机器学习为例进行了详细的阐述。事实上，分布式优化问题并没有一个特别明确的定义，根据应用场景的不同具体的形式也有不同，但是主要思想都是采用多个节点来优化全局目标函数。这里的节点可以是 CPU、GPU 或者服务器，也可以是智能电网中的供电站，无人机编队中的一架无人机，传感器网络中的传感器等。每个节点都有着自己的局部目标函数（损失函数）及决策变量，而全局目标一般是所有节点上的局部目标函数之和。分布式算法的目标就是通过节点间相互交换信息来使所有节点的决策变量最终收敛于全局目标函数的最小值点。以机器学习为例，分布式优化可以应用于利用多个服务器来优化一个神经网络，其中数据集分布在不同的服务器上，因此每台服务器只能获得一个局部的损失函数。优化算法需要服务器间不断地交换信息。

分布式机器学习应用场景大体可以分为三种情形：首先，对于计算量太大的情形，可以采取基于共享内存或虚拟内存的多线程或多机并行运算。其次，对于训练数据太多的情形，需要将数据进行划分，并分配到多个工作节点上进行训练，这样每个工作节点的局部数据都在容限之内。每个工作节点会根据局部数据训练出一个子模型，并且会按照一定的规律和其他工作节点进行通信，其中通信内容主要是子模型参数或者参数更新，以保证最终可以有效整合来自各个工作节点的训练结果并得到全局的机器学习模型。最后，对于模型规模太大的情形，则需要对模型进行划分，并且分配到不同的工作节点上进行训练。与数据并行不同，在模型并行的框架下各个子模型之间的依赖关系非常强，因为某个子模型的输出可能是另外一个子模型的输入，如果不进行中间计算结果的通信，则无法完成整个模型训练。一般而言，模型并行对通信的要求较高，因此设计新的算法必须使其的优化/机器学习算法具有足够的灵活性，从而在保证快速收敛的前提下实现特定分布式系统的“计算—通信”的最优平衡。

近年来，机器学习特别是深度学习，在推荐系统、图像分类、自然语言处理等领域取得了巨大的成功，已经成为人工智能领域的重要发展方向。随着训练参数与样本规模的急剧增长，一台计算机很难处理大规模的机器学习模型。海量训练数据往往分布存储在多台计算机上，每台计算机只能获取本地数据集。分布式机器学习利用多个计算节点加速模型的训练和优化为解决上述问题提供了先决条件。具体地，分布式机器学习系统需要将大模型或大数据划分，然后分配到不同的机器上进行计算优化，单机的优化结果再通过通信模块进行汇总。通常情况下，数据并行的目的是加速训练而将原始数据分配到不同的自主体上并行训练，其中每一个自主体使用不同的部分数据，但是都拥有完整的模型，自主体之间一般会同步自己的局部梯度信息再进行汇总，从而得到整体的更新结果。然而，模型并行则有所不同，其一般是由于模型太大，由于单机无法储存而采取的将模型的不同部分放在不同的自主体上进行训练的方式，常用的方式是每一个自主体均使用相同的数据，但是只使用模型的一部分来进行。然而，随着自主体数量的增加，其所带来的加速效果可能会越来越差。例如，增加了十倍的自主体，理想训练速度能够增加十倍，然而实际上往往却只增加了一两倍，性价比很低。这实际上是因为自主体资源不仅用于计算，也用于输入输出和通信。正如前文所述，分布式机器学习中各个自主体还需要对梯度信息进行同步，而随着机器数量的增多，通信的开销也会逐渐增大，导致最终的加速比不符预期。因此，期望能够提高加速比，使得分布式机器学习算法以更快的速度收敛，尽可能降低通信次数和输入输出时间开销，以期提升计算的时间占比。

早期的分布式协同优化算法大多采用衰减步长，因此收敛速度较慢，极大地浪费了通信和计算资源。最近的研究热点之一是设计分布式加速算法来提高收敛速度。另外，现有的研究工作大多只考虑凸优化问题，然而在实际应用中，比如机器学习、电力系统等，很多问题都是非凸的。因此，设计针对非凸问题的分布式协同优化算法是近年来的另一个研究热点方向。现有的分布式协同优化算法大多都是基于一阶梯度信息，有的还用到了二阶 Hessian 信息，但是在许多实际问题中，比如深度神经网络的训练，这些信息难以获取。因此，设计分布式无梯度的优化算法也是一个重要研究方向。具体地，分布式优化算法将任务分配给多个节点进行计算、节点间通过信息传递实现协作，根据优化问题的要素分布式，优化问题可以分为以下三类：决策变量的分布式处理、目标函数的分布式处理、约束条件的分布式处理。首先，决策变量的分布式处理适用于大规模线性规划[2]等问题，解决此类问题多是基于 Guass-Seidel 迭代[3]，将高维决策向量拆分为多个低维决策向量，并通过局部优化和节点之间的协作来求解全局最优化问题。其次，目标函数的分布式处理的应用范围更为广泛，例如，机器学习问题中由训练误差构成的损失函数可以看成多个局部损失函数的求和，进而利用多个节点进行分布式处理，其中通过执行分布式算法优化的局部目标函数，并与邻居进行局部信息交互，最终使自身状态收敛到全局目标函数的最优解[1,4,5]。最后，约束条件的分布式处理主要针对具有大量约束集的优化问题，可将约束集视作多个局部约束的交集，设计分布式算法使每个节点的决策变量最终收敛到同一个值，且同时满足各自的局部约束。

本书拟利用优化理论、矩阵分析、常微分方程、数值分析和机器学习等多个学科的专业知识，为进一步提高加速分布式优化算法的收敛速度，围绕加速算法中由于小步长、理论收敛速度局限性导致的算法收敛速度慢的问题展开深入研究。一方面，从现有加速分布式优化算法角度，针对目标函数为光滑强凸函数时，当步长充分小时才能保证算法收敛，然而，算法收敛速度与步长正相关，因此导致了算法收敛速度较慢的问题。拟借助经典微分方程稳定性理论，提出算法收敛性分析的微分方程方法，开发加速分布式优化算法收敛性分析的新框架，并对所得微分方程进行离散化得到新的加速分布式优化算法，以实现改善算法步长严格依赖于目标函数条件数的问题，实现算法较原算法的更快的收敛速度。另一方面，从分布式优化问题角度，针对目标函数为光滑凸函数时，现有加速算法优收敛速度为 $O(1/k^{1.4})$ 低于同条件下集中式 Nesterov's 加速算法的最优收敛速度 $O(1/k^2)$ 的问题。拟运用变分方法挖掘分布式优化问题与微分方程之间的联系，通过微分方程数值分析方法设计具有快速收敛的算法，克服算法理论收敛速度局限性引起的收敛速度慢的问题，使分布式优化算法能够适用于大规模计算问题，为加速优化算法设计与分析提供新视角。

1.2 国内外研究现状

下面从分布式优化算法和优化算法与微分方程的关系两个方面分别介绍国内

外研究进展。

1.2.1　分布式优化算法

分布式优化问题的研究有着悠久的历史，自 20 世纪 80 年代以来，分布式优化一直是一个活跃的研究课题。分布式优化问题可以看成最优一致性问题，即一致性和最优解。多智能体的一致性问题指的是网络中每一个智能体通过与邻居智能体进行局部信息交互，最后所有的节点的状态都达到一致。经典的分布式优化算法是分布式梯度下降算法，该算法包括一致性算法和（次）梯度下降方法两个部分。一致性部分确保所有智能体达到状态一致，次梯度部分确保一致的状态是全局最优解。例如，Tsitiklis 等人研究了许多分布式检测和一致性问题，讨论了多自主体已知的平滑函数的最小化问题[6-8]，开发了分布式计算模型的框架，该框架通过在自主体之间协同来最小化全局光滑目标函数，一些关于并行优化的经典参考文献包括 Bertsekas 和 Tsitsiklis[8] 以及 Censor 和 Zenios[9] 等著作。近年来，关于分布式优化问题研究和应用受到了越来越多的关注，主要包括每个自主体都有局部目标函数多智能体控制[10-12]、传感器网络分布式状态估计[13,14]、资源分配问题[15]、动力系统[16]、机器学习中的大规模计算[17-20] 和源定位[21]，以及关于图结构优化问题的分布式方法的最新讨论[19]。具体地，在分布式优化问题中其目标是最小化由无向连通图各节点上光滑且强凸的局部目标函数之和构成的全局目标函数，目前求解这类问题的基于梯度的一阶分布式方法包括梯度法[11,21,23]、push-梯度法[24,25]、快速梯度法[26,27] 和对偶平均法[20]，其中大多数算法都要求梯度的有界性，甚至是强凸函数的 Hessian 有界[22]。

分布式优化算法都大多是基于一致性理论[23,28-30] 和分布式（次）梯度下降（distributed gradient descent，DGD）方法[11,31]，更多相关算法参见[5,32-34] 及其参考文献。例如，文献［11］中提出了分布式次梯度下降方法，其中每个节点执行一个一致步骤，然后与局部次梯度方向一起执行下降步骤，与此相类似的文献［20］和［35］中分别提出了基于次梯度对偶平均分布式优化算法，文献［36］中提出了一种基于梯度近似估计的分布式梯度法算法。有关分布式梯度法的更多介绍和应用，可参考综述文献［5，37，38］。尽管分布式梯度下降算法及其加速变形已经在许多领域中广泛使用但仍存在一些缺点，一方面，当分布式梯度下降方法使用常数步长时，它只能收敛到最优解的某领域中[39,40]。另一方面，在分布式优化算法中采用递减步长时，尽管保证了算法可以收敛到最优值点[20,26,27]，但会导致算法收敛速度的降低。为克服上述缺点，加速分布式优化算法在过去的十年中得到了广泛的研究，其中大多数研究集中于具有常数步长的分布式优化算法的加速收敛，如文献［41-43］中所述，且大多仅适用于光滑和（强）凸目标函数情形，并且这些研究通过采用不同的分析方法证明了算法的线性收敛性。

对于光滑凸函数基于梯度下降的加速算法[11,44]、交替方向乘子方法类型的算法[45,46]，文中基于无向连通网络分别建立了分布式优化算法的次线性收敛性。具体地，文献［44］提出了一种新颖的分步式精确一阶算法（decentralized exact first-order algorithm，EXTRA)，与算法 DGD 不同的是在该算法中每个节点都使用来自其相邻节点的状态和前两个步骤的局部梯度信息来进行当前更新。算法 EXTRA 的可以看作是具累积校正项的 DGD 算法，以实现校正常数步长的 DGD 算法造成的误差。此外，基于分布式非精确梯度方法和梯度跟踪技术（a combination of a distributed inexact gradient method and a gradient tracking technique，DIGing）的加速分布式优化算法，研究了在无向网络的加速分布式优化算法[42]，在时变有向网络上的几何收敛速度的加速算法[41]，以及在随机网络上的线性收敛的异步分布式梯度算法[47]。对于时不变无向网络，注意到在一定条件下不同的加速分布式优化算法之间是等价的，文献［41］中通过适当选择两个混合权矩阵证明了算法 DIGing 等价于算法 EXTRA，文献［48］结合算法 DIGing 和算法 EXTRA 的共同点，提出了统一原始—对偶分析阐明了不同方法之间的联系，文献［43］提出了分布式 Nesterov's 加速分布式优化算法，讨论了目标函数分别为光滑凸和强凸函数时算法的次线性收敛和线性收敛，但是大多数上述现有研究主要得到的是保证算法收敛的关于步长的充分条件。然而这些充分条件可能是保守的，文献［49］研究了基于无向连通图的超定线性代数方程的最小二乘问题，建立了算法线性收敛步长的充要条件。

所有上述的分布式算法都是在离散时间情形，随着信息物理系统[50]的飞速发展，各种连续时间分布式算法也随之发展起来。很多研究者也提出了各种连续时间情形的分布式算法，例如，常见的分布式（proportional-integral，PI）算法[51-54]、分布式零梯度和算法[55]和在线最优分布式学习算法[56]。文献［51］提出了分布 PI 算法，并建立了它在凸目标函数和无向连通图上的渐近收敛性。此外，这类算法已经扩展到了强连通权值平衡的有向图[52,53]。对于不一定是权值平衡的强连通有向图，文献［53］提出了一种不同的分布式 PI 算法，它使用较少的通信，并建立了强凸目标函数的线性收敛性，但需要特殊的初始化条件。上述分布式算法均基于一阶梯度信息，与分布式一阶算法相比，分布式二阶算法利用 Hessian 信息具有更快的收敛速度，例如，文献［55］提出了分布式零梯度和算法（zero-gradient-sum，ZGS），该算法需要一个特殊的初始化来保证算法在零梯度和流形上的不变性，文中证明了分布式ZGS算法线性收敛于基于无向连通图的分布式优化问题的最优解，文献［57］将分布式ZGS算法扩展到强连接和权值平衡的有向图。但是在许多实际问题中，比如深度神经网络的训练，目标函数的二阶信息难以获取，因此开发基于梯度的固定步长加速分布式算法是一个重要的研究方向。分布式优化算法是目前的一个研究热点，且随着单硬件计算能力发展放缓，采用多硬件加速网络的训练会越来越成为以后的主流。在这种情况下，如何设计分布式的算法，保障其收敛性，加快其收敛速度，是一个值得研究的理论问题。总之，分布式优化目前还有很多理论问题需要研究，并且如何跟具体的应用问题结合也是一个重点和难点。

综上所述，国内外学者从加速分布式优化算法的设计和收敛性分析等方面对分布式优化问题开展了大量研究，得到了当目标函数为光滑且强凸时算法的线性收敛速度，以及当目标函数为光滑凸函数时的次线性收敛速度，分布式优化算法的加速收敛的研究远未达到完善有待进一步研究。当目标函数为光滑强凸函数时，现有加速算法的步长严格依赖于目标函数条件数，使得当步长充分小时才能保证算法收敛，而算法收敛速度与步长正相关，从而导致了算法收敛速度较慢。经验表明，机器学习算法中优化器的步长选择不宜过小，在保证算法收敛的前提下，较大的步长不仅有加速收敛的好处，还有提高模型泛化能力的好处。因此，进一步探索加速分布式优化算法背后的含义，并借此设计新的算法不仅保障算法收敛性并且有效缓解步长的约束条件是值得进一步探讨。

此外，对于一般情形的集中式优化问题，文献［58］中提出的Nesterov's加速方法，当目标函数为光滑凸函数时实现了最优的次线性收敛速度 $O(1/k^2)$，当目标函数为光滑且强凸函数时实现了线性收敛速度 $O(\gamma^k)$，其中 $\gamma \in (0, 1)$，k 是算法的迭代次数。在分布式优化问题中，当局部目标函数为光滑且强凸函数时，基于梯度的加速分布式优化算法实现了与同条件下加速集中式优化算法相同的最优收敛速度。然而，当局部目标函数为光滑凸函数时，加速分布式优化算法的次线性收敛速度 $O(1/k^\alpha)$［这里 $\alpha \in (0, 1.4)$］，这与集中式优化算法的次线性的最优收敛速度 $O(1/k^2)$ 存在一定差距。因此，在光滑凸函数情形关于加速分布式优化算法的设计和分析的研究亟须进一步探索，使其能够达到集中式优化算法相同的最优收敛速度，甚至是更快的高阶收敛速度。

1.2.2 优化算法与常微分方程

机器学习[59]、系统辨识[60]和最优控制[61-63]等都涉及最优化的问题。求解最优化问题的方法得到了广泛关注和研究，其中梯度下降法（gradient descent，GD）是求解这类问题的最常用的算法之一[64]，由于它只在求解优化问题的过程中用到了目标函数的梯度信息，因此可以用来处理非常大规模的问题。目前基于梯度的优化算法是优化问题研究的热点，尽管基于梯度的方法简单且计算方便，但基于梯度的优化算法的一个关键问题是算法的收敛速度较慢。因此，在计算成本合理的前提下，具有快速收敛速度的优化算法在实际应用中更受欢迎，使加速优化算法具有比梯度法更快的收敛速度的研究前景和应用潜力。重球（Heavy-ball，HB）方法是较早的一类加速算法，该算法通过在梯度步长中加入动量项来获得较快的收敛速度[65]。然而 HB 方法很难保证优化算法全局收敛的加速[65,66]，Y. Nesterov 研究了具有全局收敛速度的加速梯度下降算法[58,67]，讨论了在优化复杂度相同的条件下可以获得最优的收敛速度。

随着加速算法受到广泛的关注，得到了许多不同的加速优化算法，如复合优化算法[68,69]，加速坐标下降算法[70,71]和随机优化算法[72,73]等。文献［74，75］分别进一步将 Nesterov's 加速梯度下降法（Nesterov's accelerated gradient descent，NAG）推广到了全局凸和拟强凸目标函数的情形，并获得了线性收敛速度。注意到 Y. Nesterov 的研究严重依赖于具体问题的代数性质[76]，但这是不直观且不易推广到一般情形。因此，加速算法的研究也促使了许多研究者探索算法加速现象背后的理论基础。近年来，一些研究方向从微分方程的视角来理解优化算法的收敛速度加速度。文献［77］指出了关于 Nesterov's 的加速梯度下降法计算当步长趋于零时的极限，得到了该算法可以用一个二阶常微分方程来描述，文中通过结合系统稳定性理论和 Lyapunov 函数方法验证了算法的最优的收敛速度。类似地，关于 Nesterov 算法连续时间系统也存在于控制器设计中[78]，以及将设计迭代优化算法建模为非线性动态系统[79]。

从微分方程的角度来分析优化算法，不仅可以一种相对轻松的角度来理解优化算法的本质含义，甚至能将如系统稳定性、微分方程数值理论等很多方面的知识联系起来，有助于新的算法设计和收敛性分析。一方面，在提出新算法时，其收敛性分析较为困难，且在算法实现时对参数选取较为严格，那么如果能够找到算法所对应的微分方程，然后再用其他方法对其重新离散化可以得到更多新的算法，并且根据微分方程数值经典理论可实现对算法的收敛性分析。另一方面，值得注意是，算法的微分方程形式与其离散化后得到的算法收敛性并不完全等价，这是因为对微分方程进行离散后，所得到的离散算法较微分方程之间存在误差。这些误差的累积导致最后离散的算法不收敛。因此，需要根据每个微分方程的具体形式，选择合适的离散化方法设计新的优化算法。

关于优化问题和常微分方程之间关系的研究历史悠久[80-84]，主要包括两个研究方向：一方面，从优化算法到常微分方程的情形，主要是借助于 Taylor 公式通过在优化算法中关于步长趋于零的极限运算，建立离散时间算法与常微分方程初边值问题之间的关系，保证离散时间算法迭代序列能够收敛到常微分方程解的轨迹曲线，并且常微分方程的解的曲线收敛到优化问题的最优值点[77,85,86]。在文献［80］中，关于算法步长趋于零取极限，得到了梯度法所对应的一阶常微分方程并称该方程为梯度流。注意到不同的算法可能会有相同的常微分方程，例如，在文献［77］中算法 NAG 和算法 HB 对应于相同的二阶常微分方程，为避免这种现象的出现，文献［85］中通过给定参数的约束条件，分别推导出算法 HB 和算法 NAG 的高分辨率二阶常微分方程，发现两个方法对应的微分方程存在一定差异。且文中通过研究表明，通过将高分辨率的常微分方程与一般的 Lyapunov 函数框架相结合，可以实现运用连续时间动力系统对 NAG 的加速收敛速度展开分析。此外，文献［83］讨论了几类常微分方程的离散化方案，发现了辛离散格式与高分辨率常微分方程相结合在加速速度上的优势。值得注意的是，关于步长参数的极限运算通常需要基于现有的离散时间加速梯度算法的先验知识来获得常微分方程。另一方面，直接将优化问题转化为常微分方程的初边值问题的情形。该方法主要借助于优化问题一阶必要条件，构造与优化问题等价的常微分方程初边值问题，利用经典微分方程理论对常微分方程进行数值计算，从而得到新的加速优化算法。有关更多详细介绍，请参见文献［80，87-89］。具体地，Wibisono 等人在［88］中采用变分方法思想，得到了一类二阶常微分方程，其主要创新点是运用 Bregman Lagrangian 函数推导 Euler-Lagrange 方程，并对常微分方程进行离散化得到了新的加速优化算法。结果表明，Bregman Lagrangian 框架可以系统地理解离散时间算法中的加速现象。此外，解释或实现优化算法加速现象的其他相关文献，包括镜像和梯度相结合的方法[90]，显式 Runge-Kutta（explicit Runge-Kutta，ExRK）离散化[91-93] 和 Powerball 方法及其加速变形[94]。

尽管目前已经建立了微分方程和集中式加速优化速算法扎实的理论基础，并通过这些方法为加速优化算法构建了一个很宽泛的框架。然而，据了解目前只有文献［95］中讨论了加速分布式优化算法与常微分方程之间关系，文中首先通过将分布式优化问题等价转换为等式约束的凸优化问题，运用了原始—对偶方法将其转化为无约束优化问题，利用 Runge-Kutta 积分器对 HB 算法所对应的常微分方程进行离散化，提出了加速分布式优化算法并证明了该算法在目标函数为光滑强凸函数情形具有次线性收敛速度，通过参数的选取可以实现无穷逼近于集中式优化算法的最优次线性收敛速度。然而，由于微分方程具有高阶收敛速度，而对其离散化所得到的优化算法却没有很好地保持相同的高阶收敛速度，因此，如何设计具有高阶收敛速度的加速算的框架值得进一步探索。目前此类关于加速分布式优化算法与常微分方程之间的关系研究较少，缺乏关于算法实现加速的背后的含义的理解，亟须根据现有分布式算法探索其与常微分方程之间的关系，设计开发新的加速分布式优化算法，在保障算法收敛性的同时缓解步长的约束条件。甚至是从分布式优化问题，为提出新的加速算法提供设计框架和分析视角，以期获得高阶收敛速度的加速算法。

1.3 本书主要内容

本书内容共分六个章节，具体组织架构安排如下：

第 1 章，绪论部分主要介绍了优化问题的研究背景和意义，总结国内外学者在加速优化算法和常微分方程之间关系研究领域取得的进展。此外，简单介绍了本书研究需用到的微分方程数值解、优化理论以及矩阵论等相关知识。最后说明了本书主要研究内容和文章组织结构。

第 2 章，提出了一种隐式 Euler 加速分布式优化算法。在机器学习中的回归问题，常用平方误差的和或者均方误差来衡量模型的好坏，因此本章考虑局部目标函数为二次函数时的分布式优化问题。具体地，基于无向连通图考虑局部目标函数为光滑且强凸的二次型函数时的分布式优化问题，关于加速分布式优化算法计算步长趋于零时的极限，利用差分公式建立了算法与线性常微分方程之间的等价关系，并证明了算法收敛于微分方程解的轨迹曲线说明了等价关系的有效性。通过线性矩阵不等式证明了常微分方程的解曲线指数收敛到优化问题最优值点，并对微分方程进行离散化得到了一种新的线性收敛的加速分布式优化算法 Im-DGD，运用线性矩阵不等式证明了其收敛性。由理论分析可得算法 Im-DGD 的步长不仅与目标函数条件数无关，并且较原算法步长提升了近 $\varkappa$ 倍，其中 $\varkappa > 1$ 是目标函数的条件数。最后通过数值仿真结果表明，所提出的算法 Im-DGD 在二次函数情形下实现了较原算法更快的收敛速度。

第 3 章，提出了一种辛格式加速分布式优化算法。由于分类问题中通常使用对数函数、指数函数等非线性函数作为损失函数，因此，进一步考虑目标函数为一般非线性函数情形，算法步长取值较小导致的收敛速度慢的问题，基于现有加速分布式优化算法，通过计算其步长趋于零时的极限得到一个二阶非线性常微分方程，通过 Lyapunov 函数的构造及其单调有界性分析，得到了非线性常微分方程解的轨迹线性收敛于分布式优化问题的最优值点。利用辛格式对微分方程进行离散化，得到了一类新的加速分布式优化算法 Sym-DGD，并运用离散时间 Lyapunov 函数证明了算法 Sym-DGD 的线性收敛性。由理论分析可得算法 Sym-DGD 的步长不仅与目标函数条件数无关，并且较原算法步长提升了近 x 倍。最后，通过数值实验对理论结果进行了验证，结果表明对任意给定初值算法 Sym-DGD 关于步长设置具有更好的鲁棒性，并且具有较原算法更快的收敛速度。

第 4 章，提出了具有校正项的加速分布式优化算法。根据第 2、第 3 章内容的研究发现，优化算法的加速可以通过对常微分方程恰当离散化来实现。本章针对现有加速分布式优化算法在常数步长时最优的收敛速度为 $O(1/k^{1.4})$（k 是算法迭代次数）的问题。首先，通过矩阵诱导范数定义了距离生成函数，利用变分法得到了一种新的二阶常微分方程，运用 Lyapunov 函数分析方法从理论上证明了常微分方程解的指数收敛性。其次，在对微分方程离散化时引入辅助序列，由此提出了校正加速分布式优化算法 CoAcc-DGD，并证明了当目标函数为光滑凸函数时该算法具有 $O(1/k^2)$ 收敛速度。最后，通过数值实验说明了相比于加速分布式梯度法和加速分布式 Nesterov's 加速梯度方法等，所提出算法 CoAcc-DGD 具有更快的收敛速度，实现了基于梯度方法的理论最优收敛速度 $O(1/k^2)$。

第 5 章，提出了一种隐式 Runge-Kutta 加速分布式优化算法。首先，运用变分方法根据 Bregman-Lagrange 函数和能量守恒原理，得到了与优化问题等价的常微分方程。当目标函数充分光滑且强凸时，通过 Lyapunov 分析方法证明了常微分方程的高阶收敛速度，利用 A -稳定的 Runge-Kutta 方法对常微分方程进行离散化，得到了一种新的加速优化算法 ImRK，运用离散时间 Lyapunov 函数证明了算法 ImRK 得到的迭代序列具有收敛于最优解的高阶速度。其次，将分布式优化问题转化为等价的具有等式约束的集中式优化问题，利用原始-对偶方法将其转化为无约束的对偶优化问题，运用数值离散化对偶问题对应的微分方程，得到了具有高阶收敛速度的加速分布式优化算法 D-ImRK。数值实验表明，与分布式加速优化算法如 Nesterov's 加速梯度法、分布式 Heavy-ball 方法相比所提出的算法 D-ImRK 具有更快的高阶收敛速度。

具体而言，第 2 章和第 3 章加速克服了小步长导致的分布式优化算法收敛速度慢的问题，建立了加速分布式优化算法收敛性分析的常微分方程的方法，同时提出了新的加速分布式优化算法。第 4 章和第 5 章基于变分方法先后建立了分布式常微分方程，采用恰当的数值方法对常微分方程进行离散化，分别得到了具有最优收敛速度 $O(1/k^2)$ 和高阶收敛速度的加速分布式优化算法，克服了算法理论收敛速度局限性导致的算法收敛速度慢的问题。

第 6 章，对本书的内容进行了总结，并给出了后续的研究问题。

第 2 章　隐式 Euler 加速分布式优化算法

2.1　问题描述

在机器学习的回归问题中常用平方误差的和或者均方误差来衡量模型的好坏，在机器人机械臂的控制中也广泛存在着二次规划问题等，因此在本章中讨论当局部目标函数为二次函数情形的分布式优化问题。本章介绍基于无向连通图的分布式优化问题，其目标函数是各节点上局部光滑凸函数的和函数如（2-1）所示：

$$\min_{x \in \mathbb{R}^p} f(x) \overset{\Delta}{=} \sum_{i=1}^{n} f_i(x) \tag{2-1}$$

考虑给定的无向连通图 $G=(V,\ \varepsilon)$，其中 $V=\{1,\ 2,\ \cdots,\ n\}$ 是节点的集，$\varepsilon \subset (V,\ V)$ 是边的集合，对任意两个节点当且仅当存在连边时交换信息。在这种设置下，每个节点 $i \in V$ 知道其自身局部的凸二次函数 $f_i(x)$：$\mathbb{R}^p \to \mathbb{R}$，分布式优化算法的目标是通过本地计算和邻居节点之间的通信得到 x^* 满足 $x^* \in \arg\min_{x \in \mathbb{R}^p} f(x)$。当算法 DIGing 和 EXTRA 收敛时，关于步长的选取严格依赖于优化问题目标函数条件数[41,42]。那么，当条件数较大时步长只有取得很小值才能保证其收敛性，因此本章将围绕加速分布式优化算法的背后含义展开研究，并设计新的加速算法使其不仅保持算法的收敛性，同时有效改善步长关于优化问题条件数的依赖性。文献［74］中通过计算 Nesterov 加速算法关于步长趋于零时的极限，得到了加速算法近似等价的微分方程，借此从连续时间微分方程的视角很好地理解了算法加速背后的直观含义，并通过对微分方程的离散化，设计了一类新的加速算法。此后，文献［88，96］为微分方程与加速优化算法之间的联系提供了更扎实的理论基础，并为加速算法设计和分析构建了一个宽泛的框架。

然而，目前研究常微分方程与分布式优化算法之间的关系仅有的文献是［95］，但文中也是通过将分布式优化问题转化为约束集中式优化问题，借助原始-对偶方法将分布式优化问题转化为无约束的对偶问题，运用集中式优化算法与常微分方程之间的关系进行分析的，这也是本章研究的出发点。更具体地说，本章将基于时不变的无向连通图讨论目标函数为二次函数[44]情形时的算法 DIGing[41,42,47]，计算其当步长趋于零时的极限，得到一个二阶线性微分方程，证明微分方程解的轨迹曲线收敛于分布式优化问题的最优值点且具有指数的收敛速度，这与在文献［49］中建立的算法 DIGing 的线性收敛结果一致，这项工作可视为从集中式优化问题[77]到分布式优化问题的突破。利用隐式方法对线性微分方程进行离散化，由此提出了一种具有线性收敛的隐式 Euler 加速分布式优化算法（implicit distributed gradient descent，Im-DGD）。由理论分析可知算法 Im-DGD 的步长与目标函数条件数无关，且较原算法步长提升了近一个条件数倍，通过数值仿真对理论结果进行了验证和说明，最后对全章进行总结。

符号说明：给定一个向量 $x \in \mathbb{R}^n$，x^T 表示向量 x 的转置，$\|x\| \in \mathbb{R}$表示向量 x 的 Euclidean 范数。$\mathbf{1}_n \in \mathbb{R}^n$ 和 $\mathbf{0}_n \in \mathbb{R}^n$ 分别表示 n-维列向量，每个分量分别为 1 和 0。$I_n \in \mathbb{R}^{n\times n}$ 是 n-维单位矩阵，$\mathbf{0}_{n\times n} \in \mathbb{R}^{n\times n}$ 是元素全为 0 的矩阵。给定一个矩阵 $A \in \mathbb{R}^{n\times n}$，$A^T$ 表示其转置矩阵，对称矩阵 A 是正定的当且仅当它的所有特征值是正的，对称矩阵 A 是半正定的当且仅当它的所有特征值是非负的。对任意给定两个对称矩阵 A，$B \in \mathbb{R}^{n\times n}$，$A > B$ 表示矩阵 $A-B$ 是正定的，$A \geqslant B$ 表示矩阵 $A-B$ 是半正定的。对于列向量 x_1，…，$x_p \in \mathbb{R}^n$ 的堆叠列向量用 $[x_1; \cdots; x_p] \in \mathbb{R}^{np}$ 表示。对任意给定矩阵 A_1，…，$A_m \in \mathbb{R}^{n\times n}$，记 $\mathrm{blkdiag}(A_1; \cdots; A_m) \in \mathbb{R}^{mn\times mn}$ 是一个块对角矩阵，其中主对角块矩阵分别是矩阵 A_i，$i=1$，…，m。

数值算法和数值分析涉及大量的矩阵知识，重点叙述矩阵的 Kronecker 积，其相关知识更详细的描述可参见文献［97］。用 $A \otimes B$ 表示矩阵 A 和 B 之间的 Kronecker 乘积，记矩阵 $A=(a_{ij}) \in \mathbb{R}^{m\times m}$ 和 $B=(b_{ij}) \in \mathbb{R}^{n\times n}$，则称为如下分块矩阵：

$$\begin{bmatrix} a_{11}B & a_{12}B & \cdots & a_{1m}B \\ a_{21}B & a_{22}B & \cdots & a_{2m}B \\ \vdots & \vdots & \ddots & \vdots \\ a_{m1}B & a_{m2}B & \cdots & a_{mm}B \end{bmatrix} \in \mathbb{R}^{mn\times mn} \tag{2-2}$$

表示矩阵 A 和 B 的 Kronecker 积，记为 $A \otimes B$，且有如下关于矩阵多项式的 Kronecker 积的特征值的性质。

定理 2.1（文献［97］）

记 $P(x, y)=\sum_{i=0}^{p}\sum_{j=0}^{q} c_{ij}x^i y^j$，$x$，$y \in \mathbb{R}$，那么对矩阵 $A=(a_{ij}) \in \mathbb{R}^{m\times m}$ 和 $B=$

$(b_{ij}) \in \mathbb{R}^{n\times n}$ 有 $P(A, B)=\sum_{i=0}^{p}\sum_{j=0}^{q}c_{ij}(A^i\otimes B^j)$。若 $\{\vartheta_i\}_{i=1}^m$ 和 $\{\upsilon_j\}_{j=1}^n$ 分别为 A 和 B 的特征值，则集合 $\{P(\vartheta_i, \nu_j): i=1, \cdots, m; j=1, \cdots, n\}$ 中的元素为矩阵 $P(A, B)$ 的特征值。

那么，分别取如下多项式：

$$P(u, v)=uv,\ P(u, v)=u+v \tag{2-3}$$

$$f(u):=P(u, 0)=\sum_{i=0}^{p}c_{i0}u^i \tag{2-4}$$

记矩阵 $A\in\mathbb{C}^{m\times m}$ 和 $B\in\mathbb{C}^{n\times n}$ 的特征值分别为 $\{\lambda_i\}_{i=1}^m$ 和 $\{\theta_j\}_{j=1}^n$，由定理 2.1 直接推广得到如下结论。

引理 2.1（文献［98］）

矩阵 $A\otimes B$ 有特征值 $\{\lambda_i\theta_j: i=1, \cdots, m; j=1, \cdots, n\}$。

引理 2.2（文献［98］）

矩阵 $(I_n\otimes A)+(I_m\otimes B)$ 有特征值 $\{\lambda_i+\theta_j: i=1, \cdots, m; j=1, \cdots, n\}$。

此外，介绍关于矩阵特征值的一些重要性质。

引理 2.3（文献［99］）

若 λ 是矩阵 $A\in\mathbb{R}^{m\times m}$ 的特征值，则有如下结论成立：

（1）λ^k 是矩阵 A^k 的特征值；

（2）若 A 非奇异，则 A^{-1} 具有特征值 $1/\lambda$；

（3）矩阵 $A+\sigma^2 I_m$ 的特征值为 $\lambda+\sigma^2$。

特别地，关于矩阵多项式的特征值有如下结论成立。

引理 2.4（文献［98］）

矩阵 $f(A)$ 有特征值 $\{f(\lambda_i): i=1, \cdots, m\}$。

众所周知，任意连续函数都可以被光滑函数以任意精度来逼近。如果只假设目标函数的可微性，并不能获得关于最小化过程的任何合理的性质。因此，必须对导数的进行一些额外的假设。在传统最优化问题中，这种假设通常是以 Lipschitz 条件的形式给出的。对任意给定的 $Q\subseteq\mathbb{R}^p$ 和函数 $f(x)$：$\mathbb{R}^p\to\mathbb{R}$，记 $C_L^{k,p}(Q)$ 为具有如下性质的函数的集合：

（1）对任意 $f(x)\in C_L^{k,p}(Q)$，都有 $f(x)$ 在 Q 上是 k -次连续可微的；

（2）函数 $f(x)$ 的 p -阶导数在 Q 上是 Lipschitz 连续的，即存在常数 $L>0$，对任意 $x, y\in Q$ 都有：

$$\|\nabla^p f(x)-\nabla^p f(y)\|\leq L\|x-y\| \tag{2-5}$$

这里 $\nabla^p f(x)$ 表示函数 $f(\cdot)$ 在 x 处的 p 阶导函数，当 $p=1$ 时，简记为 $\nabla f(x)$ 表示

函数的一阶导函数。

定义 2.1

给定连续可微函数 $f(x)$，如果对任意 $x, y \in \mathbb{R}^p$ 都有：

$$f(y) \geqslant f(x) + < \nabla f(x), y - x > \tag{2-6}$$

则称 $f(x)$ 是在 $\mathbb{R}^p$ 上的凸函数。

根据上述定义，记 $\mathbb{R}^p$ 上所有凸函数组成的函数集为 $F(\mathbb{R}^p)$。进一步，对于连续可微函数 f: $\mathbb{R}^p \to \mathbb{R}$，如果存在常数 $\mu > 0$，使得对任意 $x, y \in \mathbb{R}^p$，有 $< \nabla f(y) - \nabla f(x), y - x > \geqslant \mu \|y - x\|^2$ 成立，则称函数 f 为强凸函数。

考虑分布式优化问题，定义无向图 $G = (V, \varepsilon)$，其中 $V = \{1, 2, \cdots, n\}$ 是节点的集合 $\varepsilon \subset (V, V)$ 是边的集合。当且仅当节点 i 和节点 j 之间有一条边，即 $(i, j) \in \varepsilon$ 时，二者可以相互通信。对任意两节点 i_1 到 i_q，如果存在节点 $i_1, \cdots, i_q$ 的序列使得 $(i_j, i_{j+1}) \in \varepsilon$，$j = 1, \cdots, q-1$，则称节点 i_1 与 i_q 之间至少存在一条通信路径。如果任意两个不同的节点之间都存在路径，则无向图是连通的。

在本书后续章节中的数值实验中，为了确保实验的一般性，将采用随机图的结构进行相应实验。下面介绍经典的 Erdos-Renyi 随机图，Erdos-Renyi 随机图 [100] 以两位著名的匈牙利数学家 P. Erdös 和 A. Rényi 的名字命名的，是生成随机无向图最简单和常用的方法，包括两种紧密相关的变体，G_{np}：拥有 n 个节点，且边 (u, v) 以独立同分布的概率 p 产生的无向图。G_{nm}：拥有 n 个节点，且其中 m 条边按照均匀分布采样生成的无向图。其生成方法如下：

（1）G_{np}：按某个次序考虑 $\binom{n}{2}$ 条可能边中的每一条，然后以概率 p 独立地往图上添加每条边。

（2）G_{nm}：均匀选取 $\binom{n}{2}$ 条可能边中的一条，并将其添加为图的边，然后独立且均匀随机地选取剩余 $\binom{n}{2} - 1$ 可能边中的一条，并将其添加到图中，直到 m 边为止（可以证明，虽然是无放回采样，但是每次采样是独立的，任意一种 m 条边的选择结果是等概率的）。

注意，在 G_{np} 中，一个有 n 个顶点的图具有 m 条边的概率满足分布：

$$\binom{\binom{n}{2}}{m} p^m (1-p)^{\binom{n}{2} - m} \tag{2-7}$$

该分布是二项分布，边的期望数为 $\binom{n}{2}p$，每个顶点度的期望为 $(n-1)p$。

考虑每个节点都有一个局部凸目标函数 $f_i(x)$：$\mathbb{R}^p \to \mathbb{R}$，为了求解问题（2-1），目前已有很多文献提出了各种分布式算法，现有的求解这类问题的基于梯度的一阶分布式方法包括梯度法[11,22,23]，push-梯度法[24,25]，快速梯度法[26,27]和对偶平均法[19]，其中大多数算法都要求梯度的有界性，甚至是强凸函数的 Hessian 有界[21]。然而，由于当步长递减时分布式梯度下降（distributed gradient descent，DGD）算法及其拓展变形算法收敛速度较慢，近年来的研究主要集中在当局部目标函数光滑且强凸时的算法步长为常数时的加速分布式优化算法。

假设 2.1（文献［58］）

对任意 $i \in V$，假设 f_i 是 L_i-光滑，即 f_i 是可微的其梯度是 L_i-Lipschitz 连续的，即存在 $L_i > 0$，使得对任意 x，$y \in \mathbb{R}^p$，有如下不等式成立：

$$\|\nabla f_i(x) - \nabla f_i(y)\| \leqslant L_i \|x - y\| \tag{2-8}$$

假设 2.2（文献［58］）

对任意 $i \in V$，假设 f_i 是 μ_i-强凸函数，即存在 $\mu_i > 0$，使对任意 x，$y \in \mathbb{R}^p$，有如下不等式成立：

$$f_i(y) \geqslant f_i(x) + \langle \nabla f_i(x),\ y - x \rangle + \frac{\mu_i}{2}\|y - x\|^2 \tag{2-9}$$

在假设 2.1 和假设 2.2 的条件下，目前已有多种基于梯度的加速分布式优化算法，如算法 EXTRA［44］和算法 DIGing［41，42，47］，对于无向连通图、时变有向图、随机连通图情形，文献中分别采用不同的方法证明了算法都可以实现线性收敛到唯一的全局最优值点 x^*。具体地，文献［44］中的算法 EXTRA 在节点 i 上的第 k 次迭代计算格式如下：

$$x_i^{k+2} = \sum_{j=1}^{n} w_{ij} x_i^{k+1} - \eta \nabla f_i(x_i^{k+1}) \tag{2-10}$$

$$x_i^{k+1} = \sum_{j=1}^{n} \widetilde{w}_{ij} x_i^{k} - \eta \nabla f_i(x_i^{k}) \tag{2-11}$$

式中，$W = [w_{ij}]$ 和 $\widetilde{W} = [\widetilde{w}_{ij}]$ 均为双随机矩阵，并且 $\widetilde{W}$ 满足 $\widetilde{W} > \mathbf{0}_{n\times n}$ 以及 $\frac{W + I_n}{2} \geqslant \widetilde{W} \geqslant W$。EXTRA 算法可以看作 DGD 算法和一个累积校正项的和，其中累积校正项用以校正由于固定步长引起的误差。当固定无向图连通，两个权重矩阵满足一定条件，定步长小于一定的常数，局部目标函数光滑，全局目标函数关于最优点是有限强凸的，文献［44］中证明了 EXTRA 算法的线性收敛性。文献［41］

中提出了基于分布式不精确梯度方法和梯度跟踪技术（distributed inexact gradient and gradient tracking，DIGing）的一类加速优化算法 DIGing，具体地，在节点 i 上的第 k 次的迭代形式如下：

$$x_i^{k+1} = \sum_{j=1}^{n} w_{ij}(k) x_i^k - \eta s_i^k \tag{2-12}$$

$$s_i^{k+1} = \sum_{j=1}^{n} w_{ij}(k) s_i^k + \nabla f_i(x_i^{k+1}) - \nabla f_i(x_i^k) \tag{2-13}$$

式中，$W(k) = [w_{ij}(k)]$ 是与时变连通图对应的权重矩阵，并且文中指出了在连通图为时不变情形下，即 $W(k) \equiv W_0$ 时，选择算法 EXTRA 中的两个权重矩阵分别为 $W = 2W_0 - I_n$ 和 $\widetilde{W} = W_0^2$ 时，算法 EXTRA 与算法 DIGing 是一样的。当假设 2.1 和假设 2.2 成立，且矩阵 W_0 满足 $2W_0 - I_n \leqslant W_0^2 \leqslant (I_n + (2W_0 - I_n))/2$ 时，算法 EXTRA 与算法 DIGing 具有相同的线性收敛性[41,44]。此外，Yang 等人[49] 给出了 DIGing 算法线性收敛的步长的充分必要条件。

本章主要考虑局部目标函数是一类二次函数的情形，即关于如下假设。

假设 2.3

对任意 $i \in V$，假设节点 i 上的局部目标函数为 $f_i(x) = \frac{1}{2}x^T Q_i x + b_i^T x + c_i$，其中 $Q_i \in \mathbb{R}^{p\times p}$ 是正定矩阵，任意向量 $b_i \in \mathbb{R}^p$ 以及常数 $c_i \in \mathbb{R}$。

注意到当假设 2.3 成立时，可知假设 2.1 和假设 2.2 显然成立。记节点 i 上关于全局变量 x 的局部投影为 $x_i \in \mathbb{R}^p$，那么目标函数关于这些局部变量组成的向量矩阵的形式如下：

$$\min_{x\in\mathbb{R}^{np}} F(x) \overset{\Delta}{=} \sum_{i=1}^{n} f_i(x_i) = \frac{1}{2}x^T Q x + b^T x + c \tag{2-14}$$

式中，$x = [x_1^T, \cdots, x_n^T]^T$，$b = [b_1^T, \cdots, b_n^T]^T$，$c = \sum_{i=1}^{n} c_i$ 和 $Q = \mathrm{blkdiag}(Q_1; \cdots; Q_n) \in \mathbb{R}^{np\times np}$。根据假设 2.3 可得 $\nabla^T f_i(x_i) = Q_i x_i + b_i$，因此函数 $F(x)$ 的梯度定义如下：

$$\nabla F(x) = [\nabla^T f_1(x_1), \cdots, \nabla^T f_n(x_n)]^T = Qx + b \tag{2-15}$$

如果假设 2.1 和假设 2.2 成立，则全局目标函数 $F(x)$ 为 L-光滑和 μ-强凸，其中 $L = \max_{i=1,\cdots,n} L_i$ 和 $\mu = \min_{i=1,\cdots,n} \mu_i$，并且 L/μ 称为函数 $F(\cdot)$ 的条件数。本章考虑时不变无向连通图情形时的算法 DIGing，V 中的每个节点 i 持有两个状态变量 x_i^k 和 s_i^k，它们分别是节点 i 在第 k 次迭代时对全局最优值点和平均梯度的近似估计。那么，算法 DIGing 在迭代时刻 $k = 0, 1, 2, \cdots$ 时，算法中状态变量更新方式如下：

$$x_i^{k+1} = \sum_{j=1}^{n} w_{ij} x_i^k - \eta s_i^k \tag{2-16}$$

$$s_i^{k+1} = \sum_{j=1}^{n} w_{ij} s_i^k + \nabla f_i(x_i^{k+1}) - \nabla f_i(x_i^k) \tag{2-17}$$

式中，$w_{ij} \geqslant 0$ 是加权连通图 G 的边上的权重，步长 $\eta > 0$，初始条件 $x_i^0 \in \mathbb{R}^p$ 是可以任意选择的，并且 $s_i^0 = \nabla f_i(x_i^0)$。记 $x^k = [x_1^T, \cdots, x_n^T]^T \in \mathbb{R}^{np}$，$s^k = [s_1^T, \cdots, s_n^T]^T \in \mathbb{R}^{np}$，以及 $\nabla F(x^k) = [\nabla^T f_1(x_1^k), \cdots, \nabla^T f_n(x_n^k)]^T \in \mathbb{R}^{np}$，则 (2-16)、(2-17) 可以写成如下矩阵向量形式：

$$x^{k+1} = (W \otimes I_p) x^k - \eta s^k \tag{2-18}$$

$$s^{k+1} = (W \otimes I_p) s^k + \nabla F(x^{k+1}) - \nabla F(x^k) \tag{2-19}$$

式中，矩阵 $W = [w_{ij}] \in \mathbb{R}^{n \times n}$ 表示各结点之间的权重矩阵，任意选取初始条件为 $x^0 = [x_1^0; \cdots; x_n^0]$，并且关于状态变量 s^k 的初始化为 $s^0 = \nabla F(x^0)$。

假设 2.4

基于无向连通图 G，考虑权重矩阵 W 满足如下条件：对任意的 $i \in V$，有 $w_{ii} > 0$；当 $(i, j) \in \varepsilon$ 时，$w_{ij} > 0$；其他情形时，$w_{ij} = 0$；以及对任意 i，$j \in V$，恒有 $\sum_{i=1}^{n} w_{ij} = \sum_{j=1}^{n} w_{ij} = 1$ 成立。综上，此时称 W 是双随机矩阵。

注 2.1

当无向图是连通的且权重矩阵满足假设 2.4 时，那么矩阵 W 的所有特征值都在 (−1, 1] 中，并且在 1 处的特征值是唯一的。另外，自主体之间的协作通常基于代数连通图来描述，且图的结构对分布式优化算法设计及性能具有显著影响，因此根据实际情况和需求，可以采用各种不同方式设计权重矩阵以确保其满足假设 2.4，详细信息可以参考文献 [44]。

此外，值得注意的是本章考虑无向连通图。然而，事实上如果图中的边被解释为使信息能够在相应边上的顶点之间流动，那么这些流动可以是有向的，也可以是无向的。换言之，信息可能只会向一个方向流动。例如，如果顶点对应于传感器代理，并且智能体 i 可以感测智能体 j，而智能体 j 不能感测智能体 i，例如，由于不同的感测模态，就会出现这种情况。在这种情况下，边缘将被定向，智能体 j 是它的“尾巴”，智能体 i 是它的“头”，那么可以将其描绘成一个从智能体 j 开始到智能体 i 结束的箭头。如果边是无方向的，则就简单地放下箭头，把边画成顶点之间的直线。然而，方向性不是考虑边缘的唯一方面。同时，还将研究不同形式的时间持久性，即边缘可能消失和重新出现的情况。特别是，可将图分成三类：静态图，即在这些图中，边是静态的，即边集不会随时间变化。例如，这是已经建立了静态通信图的情况，信息通过该图流动。动态的、状态相关的图，即这里的边集是时变的，因为边可能随着图代理的底层状态而消失或重新出现。例如，如果图中的顶点对应于配备有距离传感器的移动机器人，则边会随着代理进入彼此的感觉范围而出现，随着智能体离开感觉范围而消失。随机图，即这些图构成了一类特殊的动态图，因为特定边的存在是由概率分布给出的，而不是由某种确定的几何感知条件给出的。例如，当通信信道的质量可以被建模为本质上是概率性的时，这种图出现在通信环境中。上述三种类型的图需要不同的分析工具。对于静态图，将严重依赖线性时不变系统的理论。当图是动态的时，必须进入混合系统的领域，这将不可避免地导致采用基于 Lyapunov 的机器来实现切换和混合系统。随机图反过来将依赖于 Lyapunov 理论和随机稳定性概念的混合。

在假设 2.1 至假设 2.4 的条件下，文献 [41] 和 [44] 分别建立了算法 DIGing 和算法 EXTRA 的线性收敛性，此时步长满足 $\eta = O(\mu/L^2)$。然而，由文献 [41, 44] 中数值实验观察到，当步长为 $\eta = O(1/L)$ 时，算法仍然有可能是线性收敛的，并且随着步长的增大，算法 DIGing 和算法 EXTRA 的收敛速度会明显加快。因此，在选择相对较大步长时，实现算法的线性收敛性仍然是一个值得研究的问题，这是本章研究的出发点，本章的目标是从常微分方程的视角分析加速分布式优化算法的收敛性，理解算法加速的直观含义，设计并分析加速分布式优化算法使其步长允许更大取值范围。

2.2 线性微分方程收敛性分析

本节将通过计算加速算法 DIGing 在步长趋于零时的极限，获得一个二阶线性微分方程，如下面的定理所述。

定理 2.2

当假设 2.1 至假设 2.4 成立时，考虑具有初始条件 $\mathrm{x}^0 \in \mathbb{R}^{np}$ 和 $\mathrm{s}^0 = \nabla F(\mathrm{x}^0)$ 的算法 DIGing，当步长 η 趋于零时，算法 DIGing 的极限可以用如下二阶常微分方程来描述，对任意 $t \geqslant 0$，有：

$$\ddot{X}(t) + \overline{C}Q\dot{X}(t) + \overline{B}\dot{X}(t) + \overline{A}X(t) = \mathbf{0}_{np} \tag{2-20}$$

式中，$X(t) = [X_1^T(t), \cdots, X_n^T(t)]^T \in \mathbb{R}^{np}$ 和 $Q = \mathrm{blkdiag}(Q_1; \cdots; Q_n) \in \mathbb{R}^{np\times np}$，以及 $\overline{A} = A \otimes I_p$，$\overline{B} = B \otimes I_p$，$\overline{C} = C \otimes I_p$，这里：

$$A = \frac{2}{\eta}(I_n + W^2)^{-1}(I_n - W)^2 \tag{2-21}$$

$$B = \frac{2}{\sqrt{\eta}}(I_n + W^2)^{-1}(I_n - W^2) \tag{2-22}$$

$$C = 2\sqrt{\eta}(I_n + W^2)^{-1} \tag{2-23}$$

以及初值条件 $X(0) = \mathrm{x}^0$ 和 $\dot{X}(0) = \frac{1}{\sqrt{\eta}}((W - I_n) \otimes I_p)\mathrm{x}^0 - \mathrm{s}^0$

证明

考虑算法 DIGing，由式（2-18）可得：

$$\mathrm{s}^k = -\frac{1}{\eta}(\mathrm{x}^{k+1} - (W \otimes I_p)\mathrm{x}^k) \tag{2-24}$$

将其代入式（2-19）以及假设 2.3 可得：

$$\begin{aligned} &\frac{1}{\eta}(\mathrm{x}^{k+1} - (W \otimes I_p)\mathrm{x}^k) \\ &= -\frac{1}{\eta}(W \otimes I_p)(\mathrm{x}^k - (W \otimes I_p)\mathrm{x}^{k-1}) + \nabla F(\mathrm{x}^k) - \nabla F(\mathrm{x}^{k-1}) \\ &= -\frac{1}{\eta}(W \otimes I_p)(\mathrm{x}^k - (W \otimes I_p)\mathrm{x}^{k-1}) + Q(\mathrm{x}^k - \mathrm{x}^{k-1}) \end{aligned} \tag{2-25}$$

对上式重新整理可得：

$$\mathrm{x}^{k+1} = 2(W \otimes I_p)\mathrm{x}^k - (W^2 \otimes I_p)\mathrm{x}^{k-1} - \eta Q(\mathrm{x}^k - \mathrm{x}^{k-1}) \tag{2-26}$$

下面对于定义在 $t \in [0, +\infty)$ 上的某光滑曲线 $X(t)$，引入 *ansatz* $\mathrm{x}^k = X(k\sqrt{\eta})$。对于固定的 t，当步长 η 趋近于 0 时，$X(t) \approx \mathrm{x}^{t/\sqrt{\eta}} = \mathrm{x}^k$ 以及 $X(t+\sqrt{\eta}) \approx \mathrm{x}^{(t+\sqrt{\eta})/\sqrt{\eta}} = \mathrm{x}^{k+1}$ 其中 $k = t/\sqrt{\eta}$。通过近似关系式可得如下 Taylor 展开式：

$$\frac{1}{\sqrt{\eta}}(\mathrm{x}^{k+1} - \mathrm{x}^k) = \dot{X}(t) + \frac{1}{2}\sqrt{\eta}\ddot{X}(t) + o(\eta) \tag{2-27}$$

$$\frac{1}{\sqrt{\eta}}(\mathrm{x}^{k-1} - \mathrm{x}^k) = -\dot{X}(t) + \frac{1}{2}\sqrt{\eta}\ddot{X}(t) + o(\eta) \tag{2-28}$$

在式（2-26）等号两边同时加上 $-2\mathrm{x}^k + \mathrm{x}^{k-1}$，整理可得：

$$\begin{aligned} \mathrm{x}^{k+1} - 2\mathrm{x}^k + \mathrm{x}^{k-1} &= 2(W \otimes I_p)\mathrm{x}^k - (W^2 \otimes I_p)\mathrm{x}^{k-1} - 2\mathrm{x}^k + \mathrm{x}^{k-1} \\ &\quad - \eta Q(\mathrm{x}^k - \mathrm{x}^{k-1}) + (W^2 \otimes I_p)\mathrm{x}^k - (W^2 \otimes I_p)\mathrm{x}^k \\ &= -((I_n - W)^2 \otimes I_p)\mathrm{x}^k - \eta Q(\mathrm{x}^k - \mathrm{x}^{k-1}) \\ &\quad + ((W^2 - I_n) \otimes I_p)(\mathrm{x}^k - \mathrm{x}^{k-1}) \end{aligned} \tag{2-29}$$

将式（2-27）和式（2-28）代入式（2-29）可得：

$$\eta\ddot{X}(t)+o(\eta)=((W^2-I_n)\otimes I_p)(\sqrt{\eta}\dot{X}(t)-\frac{1}{2}\eta\ddot{X}(t)+o(\eta))$$
$$-((I_n-W)^2\otimes I_p)X(t)-\eta^{\frac{3}{2}}Q\dot{X}(t)+o(\eta) \tag{2-30}$$

从而可得：

$$\ddot{X}(t)=-\frac{2}{\eta}((I_n+W^2)^{-1}(I_n-W)^2\otimes I_p)X(t)-2\sqrt{\eta}((I_n+W^2)^{-1}\otimes I_p)Q\dot{X}(t)$$
$$-\frac{2}{\sqrt{\eta}}((I_n+W^2)^{-1}(I_n-W^2)\otimes I_p)\dot{X}(t) \tag{2-31}$$

对（2-31）整理可得（2-20）成立，其中关于初值条件，有第一个初始条件是 $X(0)=\mathrm{x}^0$，在式（2-18）、式（2-19）中取 $k=1$ 时，得到 $\mathrm{x}^1=W\mathrm{x}^0-\eta\mathrm{s}^0$，因此可得第二个初始边值条件如下：

$$\dot{X}(0)=(\mathrm{x}^1-\mathrm{x}^0)/\sqrt{\eta}=\frac{1}{\sqrt{\eta}}((W-I_n)\otimes I_p)\mathrm{x}^0-\mathrm{s}^0 \tag{2-32}$$

式中，$\mathrm{s}^0=\nabla F(\mathrm{x}^0)$。证毕。

注 2.2

定理 2.2 提供了一个对算法 DIGing 进行建模的二阶微分方程，实现了由文献［77］集中式情形到分布式情形的突破。据了解，这是第一个利用常微分方程对加速分布式优化算法建模的结果。

下面讨论微分方程的收敛性。首先，将二阶常微分方程式（2-20）写为如下一阶线性系统：

$$\begin{bmatrix}\dot{X}(t)\\ \ddot{X}(t)\end{bmatrix}=M\begin{bmatrix}X(t)\\ \dot{X}(t)\end{bmatrix} \tag{2-33}$$

其中：

$$M=\begin{bmatrix}\mathbf{0}_{np\times np} & I_{np}\\ -\bar{A} & -\bar{B}-\bar{C}Q\end{bmatrix} \tag{2-34}$$

通过确定矩阵 M 的特征值的分布，讨论所得常微分方程式（2-33）的收敛性。值得注意的是，矩阵 M 具有如下性质。

定理 2.3

当假设 2.1-假设 2.4 成立时。对任意步长 $\eta>0$，记式（2-34）所示矩阵 M 的特征多项式为：

$$p_M(\lambda)=\det(\lambda I_{np}-M)=\lambda^{np}-(\mathrm{tr}M)\lambda^{np-1}+\cdots+(-1)^{np}\det(M) \tag{2-35}$$

那么，有如下结论成立：

（1）当 $\lambda=0$ 时，有 $p_M(0)=0$，且有

$$p_M(\lambda)=\lambda^p q_M(\lambda)$$

成立，式中，$q_M(\lambda)$ 是一个满足 $q_M(0)\neq 0$ 的多项式。此外，0 是半单的，即其代数重数等于几何重数，都为 p。

（2）对任意 $\lambda'\in\mathbb{C}$ 且 $\lambda'\neq 0$，当 $p_M(\lambda')=0$ 成立时，恒有

$$\mathrm{Re}(\lambda')<0$$

即所有非零特征值都有负实部。

证明

首先证明定理的第一部分。第一步，证明 0 是矩阵 M 的特征值并且其几何乘数是 p。注意到 0 是矩阵 M 的一个特征值，当且仅当存在非 0 右特征向量 $\mathrm{v}=[v_1;\ v_2]\in\mathbb{R}^{2np}$ 使得：

$$\begin{bmatrix}\mathbf{0}_{np\times np} & I_{np}\\ -\overline{\mathrm{A}} & -\overline{\mathrm{B}}-\overline{\mathrm{C}}\mathrm{Q}\end{bmatrix}\begin{bmatrix}v_1\\ v_2\end{bmatrix}=\mathbf{0}_{2np} \tag{2-36}$$

由此可得：

$$\mathbf{0}_{np}=v_2 \tag{2-37}$$

$$\mathbf{0}_{np}=-\overline{A}v_1-(\overline{B}+\overline{C}Q)v_2 \tag{2-38}$$

由矩阵 $\overline{A}$ 和 A 的定义可得：

$$\frac{2}{\eta}(((I_n+W^2)^{-1}(I_n-W)^2)\otimes I_p)v_1=\mathbf{0}_{np} \tag{2-39}$$

在上式两边同时乘以 $(I_n+W^2)\otimes I_p$ 可得：

$$((I_n-W)^2\otimes I_p)v_1=\mathbf{0}_{np} \tag{2-40}$$

由假设 2.1 至假设 2.4 可得矩阵 W 在 1 处有唯一的特征值，其对应的右特征向量是 $\mathbf{1}_n$。因此矩阵 $(I_n-W)^2$ 在 0 处有唯一的特征值，同时可得对应的右特征向量是 $\mathbf{1}_n$。由式（2-34）和 v_1 是一个非零向量的事实，可得 $v_1=1_n\otimes c$ 其中 $c\in\mathbb{R}^p$ 是非零向量。因此可以得出结论：矩阵 M 有特征值为 0，且其几何重数为 p。此外，其右特征向量具有形式 $\mathrm{v}=[v_1;\ v_2]$，其中 $v_1=1_n\otimes c$ 对于某个非零 $c\in\mathbb{R}^p$，$v_2=0_{np}$。

通过反证法证明特征值在 0 处的代数重数也是 p。如果特征值在 0 处的代数重数是严格大于 p 的，那么存在一个非零的广义特征向量 $\mathrm{u}=[u_1;\ u_2]\in\mathbb{R}^{2np}$，使如下关系式成立：

$$\begin{bmatrix} \mathbf{0}_{np\times np} & I_{np} \\ -\bar{A} & -\bar{B}-\bar{C}Q \end{bmatrix}\begin{bmatrix} u_1 \\ u_2 \end{bmatrix}=\begin{bmatrix} v_1 \\ v_2 \end{bmatrix} \tag{2-41}$$

式中：$[v_1;\ v_2]$ 是对应于特征值0的特征向量，因此存在非零 $c\in\mathbb{R}^p$ 使 $v_1=\mathbf{1}_n\otimes c$，并且 $v_2=\mathbf{0}_{np}$。注意到，（2-41）意味着如下线性方程组成立：

$$v_1=u_2 \tag{2-42}$$

$$v_2=-\bar{A}u_1-(\bar{B}+\bar{C}Q)u_2 \tag{2-43}$$

将（2-42）代入（2-43）及 $v_2=\mathbf{0}_{np}$，可得：

$$-\bar{A}u_1-(\bar{B}+\bar{C}Q)v_1=\mathbf{0}_{np} \tag{2-44}$$

由（2-44）和（2-21）可得：

$$-\frac{2}{\eta}((I_n-W)^2\otimes I_p)u_1-\left(\frac{2}{\sqrt{\eta}}(I_n-W)^2\otimes I_p+2Q\right)v_1=\mathbf{0}_{np} \tag{2-45}$$

在上面的等式两边都乘以 v_1^T，可得：

$$(\mathbf{1}_n\otimes c)^TQ(\mathbf{1}_n\otimes c)=0 \tag{2-46}$$

其中用到了对于非 $c\neq\mathbf{0}_p$ 有 $v_1=\mathbf{1}_n\otimes c$ 的事实。那么，根据文献［49］中引理3可得 $c=\mathbf{0}_p$，这与 c 是非零的事实相矛盾。因此，可以得出结论：在0处的特征值其代数重数也是 p。

其次，证明定理的第二部分。在这一部分将证明所有其他的非0特征值都在左半平面上。记 $\lambda\neq0$ 是矩阵 M 的任一特征值，那么存在非零向量 $\mathrm{v}=[v_1;\ v_2]\in\mathbb{R}^{2np}$，使如下关系式成立：

$$\begin{bmatrix} \mathbf{0}_{np\times np} & I_{np} \\ -\bar{A} & -\bar{B}-\bar{C}Q \end{bmatrix}\begin{bmatrix} v_1 \\ v_2 \end{bmatrix}=\lambda\begin{bmatrix} v_1 \\ v_2 \end{bmatrix} \tag{2-47}$$

对上式展开可得：

$$\lambda v_1=v_2 \tag{2-48}$$

$$\lambda v_2=-\bar{A}u_1-(\bar{B}+\bar{C}Q)v_2 \tag{2-49}$$

将式（2-48）代入式（2-49）可得：

$$\lambda^2v_1+\lambda(\bar{B}+\bar{C}Q)v_1+\lambda\bar{A}v_1=\mathbf{0}_{np} \tag{2-50}$$

然后从式（2-21）中矩阵的定义，并将其代入上式可得：

$$((I_n+W^2)^{-1}\otimes I_p)\cdot\left[\frac{2}{\eta}((I_n-W)^2\otimes I_p)+\lambda\left(\frac{2}{\sqrt{\eta}}(I_n-W)^2\otimes I_p+2Q\right)+\lambda^2((I_n+W^2)\otimes I_p)\right]v_1=\mathbf{0}_{np} \tag{2-51}$$

在上式两边同乘以 $(I_n+W^2)\otimes I_p$ 可得：

$$\left[\frac{2}{\eta}(I_n - W)^2 \otimes I_p + \lambda\left(\frac{2}{\sqrt{\eta}}(I_n - W)^2 \otimes I_p + 2Q\right) + \lambda^2((I_n + W^2) \otimes I_p)\right] v_1 = \mathbf{0}_{np} \tag{2-52}$$

考虑定义如下多项式：

$$P(\lambda) = \lambda^2 P_2 + \lambda P_1 + P_0 \tag{2-53}$$

其中：

$$\begin{aligned} P_0 &= \frac{2}{\eta}(I_n - W)^2 \otimes I_p \\ P_1 &= \frac{2}{\sqrt{\eta}}(I_n - W)^2 \otimes I_p + 2Q \\ P_2 &= (I_n + W^2) \otimes I_p \end{aligned} \tag{2-54}$$

根据 W 和 Q 均为实对称矩阵，可知 P_0，P_1 和 P_2 都是实对称的，进而可以得到式（2-52）等价于：

$$(\lambda^2 P_2 + \lambda P_1 + P_0) v_1 = \mathbf{0}_{np} \tag{2-55}$$

因为向量 v_1 非零，在式（2-55）两边同时乘以其共轭转置 v_1^* 可得：

$$g(\lambda) \overset{\Delta}{=} \lambda^2 c_2 + \lambda c_1 + c_0 = 0 \tag{2-56}$$

式中：$c_2 = v_1^* P_2 v_1$，$c_1 = v_1^* P_1 v_1$ 以及 $c_0 = v_1^* P_0 v_1$。

考虑权重矩阵满足假设 2.4 的无向连通图，此时有 $-I_n < W \leqslant I_n$。因为目标函数满足假设 2.3 并且矩阵 Q 是正定的，因此矩阵 P_1 和矩阵 P_2 是正定的，矩阵 P_0 是半正定的。因此可得，$c_2 > 0$，$c_1 > 0$，$c_0 \geqslant 0$。一方面，若 $c_0 > 0$，则由 Routh-Hurwitz 收敛性判据可知，λ 在左半复平面上。另一方面，如果 $c_0 = 0$，从（2-56）可得 $\lambda(c_2\lambda + c_1)c_0 = 0$。因为 $\lambda \neq 0$，所以可得 $\lambda = -\frac{c_1}{c_2}$ 为负数。再由 $c_2 > 0$ 和 $c_1 > 0$，即完成定理的证明。

根据定理 2.3 可知，线性系统是渐近收敛的，因此它的解是收敛的。下面的定理表明，线性系统（2-34）的解曲线收敛于优化问题（2-1）的唯一全局最优值点 x^*。

定理 2.4

当假设 2.1 至假设 2.4 成立时，考虑线性系统（2-34），对任意步长 $\eta > 0$，都有 $X(t)$ 指数收敛到唯一的全局最优值点，即 $X(t) \to \mathbf{1}_n \otimes x^*$ 或对任意 $i \in V$，$X_i(t) \to x^*$ 随 $t \to \infty$ 是指数收敛的。

证明

由定理 2.3 可知，由（2-34）中矩阵 M 的特征值 0 是 p -半单的，并且所有其他特征值都在左半平面上。在 0 处对应于 p -半单特征值的右特征向量和左特征向量分别由如下：

$$V=\begin{bmatrix}\mathbf{1}_n\otimes I_p\\ \mathbf{0}_n\otimes I_p\end{bmatrix},\ \Omega^T=\Big(\sum_{i=1}^{n}Q_i\Big)^{-1}\big[(\mathbf{1}_n^T\otimes I_p)Q\quad \mathbf{1}_n^T\otimes I_p\big] \tag{2-57}$$

从而可得：

$$\begin{aligned}\lim_{t\to\infty}\begin{bmatrix}\dot{X}(t)\\ \ddot{X}(t)\end{bmatrix}&=V\Omega^T\begin{bmatrix}X(0)\\ \dot{X}(0)\end{bmatrix}\\ &=\begin{bmatrix}\mathbf{1}_n\otimes I_p\\ \mathbf{0}_n\otimes I_p\end{bmatrix}\Big(\sum_{i=1}^{n}Q_i\Big)^{-1}\big((\mathbf{1}_n^T\otimes I_p)QX(0)+(\mathbf{1}_n^T\otimes I_p)\dot{X}(0)\big)\end{aligned} \tag{2-58}$$

注意到，初边值条件为 $X(0)=x^0$，以及

$$\begin{aligned}\dot{X}(0)&=\frac{1}{\sqrt{\eta}}((W-I_n)\otimes I_p)\mathrm{x}^0-\mathrm{s}^0\\ &=\frac{1}{\sqrt{\eta}}((W-I_n)\otimes I_p)\mathrm{x}^0-(Q\mathrm{x}^0+b)\end{aligned} \tag{2-59}$$

式中：$b=[b_1^T,\ \cdots,\ b_n^T]^T$ 和 $\mathrm{Q}=\mathrm{blkdiag}\ (Q_1;\ \cdots;\ Q_n)$。进一步，由（2-56）可得：

$$\begin{aligned}\lim_{t\to\infty}\begin{bmatrix}\dot{X}(t)\\ \ddot{X}(t)\end{bmatrix}&=\begin{bmatrix}\mathbf{1}_n\otimes I_p\\ \mathbf{0}_n\otimes I_p\end{bmatrix}\Big(\sum_{i=1}^{n}Q_i\Big)^{-1}\cdot\frac{1}{\sqrt{\eta}}\big(\sqrt{\eta}(\mathbf{1}_n^T\otimes I_p)QX(0)\\ &\quad+(\mathbf{1}_n^T\otimes I_p)((W-I_n)\otimes I_p)\mathrm{x}^0-\sqrt{\eta}(\mathbf{1}_n^T\otimes I_p)(Q\mathrm{x}^0+b)\big)\\ &=\begin{bmatrix}\mathbf{1}_n\otimes I_p\\ \mathbf{0}_n\otimes I_p\end{bmatrix}\Big(-\Big(\sum_{i=1}^{n}Q_i\Big)^{-1}(\mathbf{1}_n^T\otimes I_p)b\Big)\\ &=\begin{bmatrix}\mathbf{1}_n\otimes I_p\\ \mathbf{0}_n\otimes I_p\end{bmatrix}\end{aligned} \tag{2-60}$$

式中：第二个等号的成立用到了 $\mathbf{1}_n^TW=\mathbf{1}_n^T$，第三个等号的成立用到了 $x^*=-\Big(\sum_{i=1}^{n}Q_i\Big)^{-1}\sum_{i=1}^{n}b_i=-\Big(\sum_{i=1}^{n}Q_i\Big)^{-1}(\mathbf{1}_n^T\otimes I_p)b$ 恒成立的事实。

因此，当 $t\to\infty$ 时可得 $X(t)\to\mathbf{1}_n\otimes x^*$ 和 $\dot{X}(t)\to\mathbf{0}_{np}$。由线性系统的渐近收敛性得到定理中的结论。证毕。

注 2.3

对于二次目标函数的情况，定理 2.4 表明了常微分方程（2-20）的解 $X(t)$

［或者等价线性系统的状态 $X(t)$］线性收敛到唯一的全局最优值点，这与在文献［49］中建立的算法 DIGing 的线性收敛一致。

注意到对于一般强凸函数，线性收敛结果已经在文献［41，42，44］中得到，其中算法步长最大值的理论分析均严格受到目标函数条件数的约束，而实际实验中发现，当步长选取更大值甚至与条件数无关的设置时，算法也会保持较好的线性收敛性。因此，在选择相对较大步长时，实现算法的线性收敛性仍然是一个值得研究的问题，下面将围绕设计并分析加速分布式优化算法使其步长理论上界可以取得更大值开展讨论。

2.3　算法 Im-DGD 设计与分析

本节中考虑对微分方程的离散化提出一种新的加速分布式优化算法。记 $Z(t)=\dot{X}(t)-\frac{1}{2}(\bar{C}Q+\bar{B})X(t)$，由线性系统（2-56）可得：

$$Z(t)=\dot{X}(t)+\frac{1}{2}(\bar{C}Q+\bar{B})X(t) \tag{2-61}$$

$$\dot{Z}(t)=-\left(\bar{A}-\frac{1}{4}(\bar{C}Q+\bar{B})^2\right)X(t)-\frac{1}{2}(\bar{C}Q+\bar{B})Z(t) \tag{2-62}$$

定义记号 $X(t)=X(kh)\approx X_k$ 和 $Z(t)=Z(kh)\approx Z_k$，对（2-61）和（2-62）分别进行隐式向前 Euler 离散化可得：

$$\frac{X_{k+1}-X_k}{h}=Z_{k+1}-\frac{1}{2}(\bar{C}Q+\bar{B})X_{k+1} \tag{2-63}$$

$$\frac{Z_{k+1}-Z_k}{h}=-\left(\bar{A}-\frac{1}{4}(\bar{C}Q+\bar{B})^2\right)X_{k+1}-\frac{1}{2}(\bar{C}Q+\bar{B})Z_{k+1} \tag{2-64}$$

式中：$h>0$ 是离散步长，整理可得隐式加速分布式梯度下降优化算法（implicit distributed gradient descent，Im-DGD）如下：

$$X_{k+1}=\Omega_1^{-1}[I_{np}-h^2\Omega_0^{-1}\Omega_2\Omega_1^{-1}]X_k+h\Omega_1^{-1}\Omega_0^{-1}Z_k \tag{2-65}$$

$$Z_{k+1}=-h\Omega_0^{-1}\Omega_2\Omega_1^{-1}X_k+\Omega_0^{-1}Z_k \tag{2-66}$$

式中：$k\geqslant 0$，以及系数矩阵如下：

$$\Omega_0=I_{np}+h^2\bar{A}+h(\bar{C}Q+\bar{A}) \tag{2-67}$$

$$\Omega_1=I_{np}+\frac{h}{2}(\bar{B}+\bar{C}Q) \tag{2-68}$$

$$\Omega_2 = \bar{A} - \frac{1}{4}(\bar{C}Q + \bar{B})^2 \tag{2-69}$$

那么，关于算法 Im-DGD 有如下收敛性结论。

定理 2.5

当目标函数和无向连通图分别满足假设 2.1 至假设 2.4 时，其中 η 满足 $\eta \leqslant \frac{\mu(1-\sigma^2)}{L^2}$，那么当步长 h 满足 $0 < h < \frac{4}{L} - \frac{\eta^2\mu^2}{4L} - \frac{\eta^2 L}{4}$ 时，由算法 Im-DGD 得到的序列 $\{X_k\}_{k=1}^{\infty}$ 满足如下不等式：

$$\| X_k - \mathbf{1}_n \otimes x^* \| \leqslant \tilde{\lambda} \| X_0 - \mathbf{1}_n \otimes x^* \| \tag{2-70}$$

式中，$\tilde{\lambda} = \alpha + h\sqrt{\beta\gamma}$，$\alpha = \frac{2 + hL\sqrt{\eta}}{2(1 + hL\sqrt{\eta})}$，$\beta = \frac{1}{1 + hL\sqrt{\eta}}$，以及 $\gamma = \frac{\frac{4}{\eta} - \frac{\eta\mu^2}{4}}{\frac{4h^2}{\eta} + 1 + hL\sqrt{\eta}}$。即对任意 $i \in V$，都有如下极限：

$$X_{k,i} \to x^*,\ k \to \infty \tag{2-71}$$

证明

注意到 $\bar{A} = \frac{2}{\eta}((I_n + W^2)^{-1}(I_n - W)^2) \otimes I_p$ 和 $W\mathbf{1}_n = \mathbf{1}_n$，因此由（2-65）和（2-66）可得：

$$\begin{aligned} X_{k+1} - \mathbf{1}_n \otimes x^* = {} & \Omega_1^{-1}[I_{np} - h^2\Omega_0^{-1}\Omega_2\Omega_1^{-1}](X_{k+1} - \mathbf{1}_n \otimes x^*) \\ & + h\Omega_1^{-1}\Omega_0^{-1}\left(Z_k - \frac{\bar{C}Q}{2}(\mathbf{1}_n \otimes x^*)\right) \end{aligned} \tag{2-72}$$

$$\begin{aligned} Z_{k+1} - \frac{\bar{C}Q}{2}(\mathbf{1}_n \otimes x^*) = {} & -h\Omega_0^{-1}\Omega_2\Omega_1^{-1}(X_{k+1} - \mathbf{1}_n \otimes x^*) \\ & + \Omega_0^{-1}\left(Z_k - \frac{\bar{C}Q}{2}(\mathbf{1}_n \otimes x^*)\right) \end{aligned} \tag{2-73}$$

下面主要分析（2-72）和（2-73）中各系数矩阵的特征值分布，首先由 Ω_1 和 Ω_2 的定义，将 $\bar{A}$、$\bar{B}$、$\bar{C}$ 代入可得：

$$\Omega_1 = I_{np} + \frac{h}{2}\left(\frac{2}{\sqrt{\eta}}(I_n + W^2)^{-1}(I_n - W^2) \otimes I_p + 2\sqrt{\eta}((I_n + W^2)^{-1} \otimes I_p)Q\right) \tag{2-74}$$

$$\Omega_2 = -\frac{1}{4}\left(\frac{2}{\sqrt{\eta}}(I_n + W^2)^{-1}(I_n - W^2)\otimes I_p + 2\sqrt{\eta}((I_n + W^2)^{-1}\otimes I_p)Q\right)^2 + \frac{2}{\eta}(I_n + W^2)^{-1}(I_n - W)^2\otimes I_p \tag{2-75}$$

注意到其中都含有 $(I_n + W^2)^{-1}\otimes I_p$，因此在上式两端分别乘以 $(I_n + W^2)\otimes I_p$ 和 $(I_n + W^2)^2\otimes I_p$ 可得：

$$((I_n + W^2)\otimes I_p)\Omega_1 = (I_n + W^2)\otimes I_p + \frac{h}{2}\left(\frac{2}{\sqrt{\eta}}(I_n - W^2)\otimes I_p + 2\sqrt{\eta}Q\right) \tag{2-76}$$

$$((I_n + W^2)^2\otimes I_p)\Omega_2 = -\frac{1}{4}\left(\frac{2}{\sqrt{\eta}}(I_n - W^2)\otimes I_p + 2\sqrt{\eta}Q\right)^2 + \frac{2}{\eta}(I_n - W)^2\otimes I_p \tag{2-77}$$

注意到，两者都是关于矩阵 $W\otimes I_p$ 的多项式矩阵，其中正定矩阵 Q 是参数矩阵。因此定义如下多项式：

$$\psi_1(\lambda) = 1 + \lambda^2 + \frac{h}{\sqrt{\eta}}(1 - \lambda^2) + hq\sqrt{\eta} \tag{2-78}$$

$$\psi_2(\lambda) = \frac{h}{\eta}(1 + \lambda^2)(1 - \lambda)^2 - \frac{1}{4}\left(\frac{1}{\eta}(1 - \lambda^2) + q\sqrt{\eta}\right)^2 \tag{2-79}$$

式中：q 是矩阵 Q 的任一特征值，可知 $\psi_1(\lambda)$ 在 $(-1, 1]$ 上关于 λ 开口向上的抛物线对称轴为 $\lambda=0$，$\psi_2(\lambda)$ 在 $(-1, 1]$ 上关于 λ 是单调递减函数。类似地，可知 $\Omega_1^{-1}[I_{np} - h^2\Omega_0^{-1}\Omega_2\Omega_1^{-1}]$、$\Omega_1^{-1}\Omega_0^{-1}$ 和 Ω_0^{-1} 的特征值多项式在 $(-1, 1]$ 上都是单调递增的，而 $\Omega_0^{-1}\Omega_2\Omega_1^{-1}$ 的特征值多项式在 $(-1, 1]$ 上单调递减。

那么记 $Z^* = \frac{\bar{C}Q}{2}(1_n\otimes x^*)$，对（2-72）和（2-73）两边分别取范数可得：

$$\|X_{k+1} - \mathbf{1}_n\otimes x^*\| = \|\Omega_1^{-1}[I_{np} - h^2\Omega_0^{-1}\Omega_2\Omega_1^{-1}]\|\cdot\|X_{k+1} - \mathbf{1}_n\otimes x^*\| + h\|\Omega_1^{-1}\Omega_0^{-1}\|\cdot\left\|Z_k - \frac{\bar{C}Q}{2}(\mathbf{1}_n\otimes x^*)\right\| \tag{2-80}$$

$$\left\|Z_{k+1} - \frac{\bar{C}Q}{2}(\mathbf{1}_n\otimes x^*)\right\| = h\|\Omega_0^{-1}\Omega_2\Omega_1^{-1}\|\cdot\|X_{k+1} - \mathbf{1}_n\otimes x^*\| + \|\Omega_0^{-1}\|\cdot\left\|Z_k - \frac{\bar{C}Q}{2}(\mathbf{1}_n\otimes x^*)\right\| \tag{2-81}$$

整理可得如下矩阵向量不等式：

$$\begin{bmatrix} \|X_{k+1} - \mathbf{1}_n \otimes x^*\| \\ \|Z_{k+1} - Z^*\| \end{bmatrix} \leqslant \begin{bmatrix} \alpha & h\beta \\ h\gamma & \alpha \end{bmatrix} \begin{bmatrix} \|X_k - \mathbf{1}_n \otimes x^*\| \\ \|Z_k - Z^*\| \end{bmatrix} := H \begin{bmatrix} \|X_k - \mathbf{1}_n \otimes x^*\| \\ \|Z_k - Z^*\| \end{bmatrix} \tag{2-82}$$

式中：$\alpha = \dfrac{2 + hL\sqrt{\eta}}{2(1 + hL\sqrt{\eta})}$，$\beta = \dfrac{1}{1 + hL\sqrt{\eta}}$，$\gamma = \dfrac{\dfrac{4}{\eta} - \dfrac{\eta\mu^2}{4}}{\dfrac{4h^2}{\eta} + 1 + hL\sqrt{\eta}}$，$H = \begin{bmatrix} \alpha & h\beta \\ h\gamma & \alpha \end{bmatrix}$。

为了分析算法 Im-DGD 的收敛性，下面讨论（2-82）中系数矩阵的特征值分布。首先，矩阵 H 特征多项式如下：

$$h(\lambda) = (\lambda - \alpha)^2 - h^2\beta\gamma \tag{2-83}$$

令 $h(\lambda) = 0$ 可得，矩阵 H 的特征值为 $\lambda_1 = \alpha - h\sqrt{\beta\gamma}$ 和 $\lambda_2 = \alpha + h\sqrt{\beta\gamma}$。因为 $|\lambda_1| = |\alpha - h\sqrt{\beta\gamma}| \leqslant \lambda_2 = \alpha + h\sqrt{\beta\gamma}$，所以只需证明 $\lambda_2 < 1$，就可以得到（2-82）的收敛性，即算法 Im-DGD 是收敛的。

注意到，$\alpha + h\sqrt{\beta\gamma} < 1$ 等价于 $h^2\beta\gamma < (1 - \alpha)^2$，整理可得如下不等式：

$$h^2 \cdot \frac{1}{1 + hL\sqrt{\eta}} \cdot \frac{\dfrac{4}{\eta} - \dfrac{\eta\mu^2}{4}}{\dfrac{4h^2}{\eta} + 1 + hL\sqrt{\eta}} < \left(1 - \frac{1 + \dfrac{hL\sqrt{\eta}}{2}}{1 + hL\sqrt{\eta}}\right)^2 = \frac{\eta h^2 L^2}{4(1 + hL\sqrt{\eta})^2} \tag{2-84}$$

整理可得：

$$(1 + hL\sqrt{\eta})\left(\frac{16}{\eta} - \eta\mu^2\right) < \left(\frac{4h^2}{\eta} + 1 + hL\sqrt{\eta}\right)\eta L^2 \tag{2-85}$$

即，如下不等式成立：

$$\frac{16}{\eta^2 L^2} - \frac{\mu^2}{L^2} - 1 < \frac{4h^2}{\eta} - hL\sqrt{\eta}\left(\frac{16}{\eta^2 L^2} - \frac{\mu^2}{L^2} - 1\right) \tag{2-86}$$

记 $\Delta_1 = \dfrac{16}{\eta^2 L^2} - \dfrac{\mu^2}{L^2} - 1$，$\Delta_2 = \dfrac{\eta L}{4}\Delta_1$，则由上式可得：

$$\Delta_1 + \Delta_2^2 < \left(\Delta_2 - \frac{2h}{\sqrt{\eta}}\right)^2 \tag{2-87}$$

显然地，当 $\Delta_2 - \dfrac{2h}{\sqrt{\eta}} > \sqrt{\Delta_1 + \Delta_2^2}$ 时可得上式成立，由此得到 h 满足如下不等式

$$h < \frac{\sqrt{\eta}}{2}\left(\Delta_2 + \sqrt{\Delta_1 + \Delta_2^2}\right) \tag{2-88}$$

综上所述，当 $0<h<\eta\Delta_2$ 时上述不等式成立且有 $|\lambda_1| \leqslant |\lambda_2|<1$，那么 $\widetilde{\lambda} = \max\{|\lambda_1|, |\lambda_2|\} = \lambda_2 < 1$。由式（2-82）可得：

$$\begin{bmatrix} \|X_{k+1} - \mathbf{1}_n \otimes x^*\| \\ \|Z_{k+1} - Z^*\| \end{bmatrix} \leqslant \widetilde{\lambda} \begin{bmatrix} \|X_k - \mathbf{1}_n \otimes x^*\| \\ \|Z_k - Z^*\| \end{bmatrix} \tag{2-89}$$

关于 $k = 0, 1, 2, \cdots$ 进行递归计算可得：

$$\begin{bmatrix} \|X_k - \mathbf{1}_n \otimes x^*\| \\ \|Z_k - Z^*\| \end{bmatrix} \leqslant \widetilde{\lambda}^k \begin{bmatrix} \|X_0 - \mathbf{1}_n \otimes x^*\| \\ \|Z_0 - Z^*\| \end{bmatrix} \tag{2-90}$$

因此，当 $k\to\infty$ 时，$X_k \to \mathbf{1}_n \otimes x^*$。证毕。

注 2.4

当目标函数满足假设 2.3 时，则有 $\nabla f_i(x_i) = Q_i x_i + b_i$，$i \in V$，即 $\nabla F(X(t)) = QX(t) + b$ 和 $\nabla^2 F(X(t)) = Q$。那么线性系统式（2-61）、式（2-62）可以改写为如下形式：

$$Z(t) = \dot{X}(t) - \frac{1}{2}(\overline{C}Q + \overline{B})X(t) \tag{2-91}$$

$$\dot{Z}(t) = -\overline{A}X(t) - \overline{B}Z(t) - \overline{C}\,\nabla^2 F(X(t))\dot{X}(t) \tag{2-92}$$

因此算法 Im-DGD 可以改写为如下形式：

$$\begin{aligned} \begin{bmatrix} X_{k+1} \\ Z_{k+1} \end{bmatrix} &= \begin{bmatrix} I_{np} - h^2\Omega_0^{-1}\overline{A} & h\Omega_0^{-1} \\ -h\Omega_0^{-1}\overline{A} & \Omega_0^{-1} \end{bmatrix} \begin{bmatrix} X_k \\ Z_k \end{bmatrix} \\ &\quad + \begin{bmatrix} h \\ 1 \end{bmatrix} \otimes \Omega_0^{-1}\overline{C}(\nabla F(X_{k+1}) - \nabla F(X_k)) \end{aligned} \tag{2-93}$$

与算法 DIGing 不同的，这里用到了两次的梯度跟踪计算。

特别地，当 $h = \sqrt{\eta}$ 时，记 $X_k = (W \otimes I_p)X_{k-1} - hS_k$ 则有：

$$S_{k+1} = (W \otimes I_p)S_k + (\nabla F(X_{k+1}) - \nabla F(X_k)) + \mathrm{Y}_k \tag{2-94}$$

其中：

$$\mathrm{Y}_k = \frac{((I_n - W^2) \otimes I_p)}{2}(X_{k+1} - X_{k-1}) - ((I_n - W) \otimes I_p)(X_{k+1} - X_k) \tag{2-95}$$

因此与算法 DIGing 相比，这里用到了关于变量 X_k 的校正项。

当假设 2.3 成立时，由算法 DIGing 所得到二阶常微分方程（2-20）可以写为线性微分方程，注意到可以通过对微分方程的数值求解可以得到一种新的优化算法。算法 DIGing 可以看作由微分方程（2-20）的显式离散化得到的，那么当其系数矩阵的模最大的特征值和模最小的特征值相差较大时，即优化问题目标函数的条件数较大，由显式数值方法所对应的优化算法要求步长取较小的值时才能保证算法的收敛性，这与算法 DIGing[41] 和算法 EXTRA[44] 的收敛性分析一致。

本章中采用的是隐式数值方法对微分方程的离散化，借助于隐式方法经典稳定性理论可知，在保证了算法收敛的前提下，根据隐式数值方法所对应的优化算法在很大程度上放松了关于步长的约束，参见算法 Im-DGD 设计及其收敛性分析如定理 2.5 所述，实现了算法的加速收敛。但是，值得注意的是，在算法 Im-DGD 中，需要计算矩阵 Ω_0 的逆矩阵，从而会带来一定的计算复杂度，因此在实际应用中需要衡量收敛速度和计算复杂度之间的关系。尽管如此，由于此时无向连通图的是静态的，即其权重矩阵不随算法迭代而改变，因此只需计算一次矩阵的逆运算，即使在大规模计算问题中，在算力和存储空间允许的情况下该算法依旧具有一定的优势，使得算法在更大步长情形下保障算法的快速收敛。

2.4 算法实现与分析

这一节通过一个数值例子验证和说明理论结果，本实验中的图是由 Erdos-Renyi 模型[100] 随机生成的，其中各节点之间的连接概率 $r=0.3$，其中 r 定义为边数除以 $\frac{n(n-1)}{2}$，即所有可能的边数。并运用 Laplacian 方法[44] 选择对应的权重矩阵 W：

$$W = I_n - \frac{1}{\max\limits_{i=1,\cdots,n} d_i + 1} L \tag{2-96}$$

式中：d_i 是节点 i 的度，$L=[L_{ij}]$ 满足如下条件：当 $(i,j)\in\varepsilon$ 时，$L_{ij}=-1$；对任意 $i\in V$ 有 $L_{ii}=d_i$；以及当节点 i 与 j 不连通时 $L_{ij}=0$ 的图的 Laplacian 算子。那么，考虑分布式优化问题的目标是求解如下最小二乘损失函数：

$$\min_x f(x) = \frac{1}{n}\sum_{i=1}^{n} \frac{1}{2}\|H_i x - b_i\|^2 + \frac{l_2}{2}\|x\|^2 \tag{2-97}$$

即寻找优化问题的最优值点 x^*。考虑一个 6 节点的无向连通图及其各连边权重值，如图 2-1 所示，根据假设 2.4 可以计算得到各节点自身权值。考虑各节点局

部函数为二次函数情形 $f_i(x_i)=\frac{1}{2}x_i^T(H_i^TH_i+l_2I_2)x_i-b_i^Tx_i$，$x_i\in\mathbb{R}^2$，正则项 $l_2=1$。注意到这里系数矩阵 H_i 是随机生成的均值为 0 方差为 1 的标准正态分布的随机矩阵，可知矩阵 $H_i^TH_i$ 是半正定的，故此在局部损失函数引入正则项 $\frac{l_2}{2}\|x\|^2$，此时对任意 $l_2>0$，$H_i^TH_i+l_2I_2$ 恒为正定矩阵。那么，局部目标函数都是光滑且强凸的，从而可知全局目标函数满足假设 2.3，因此可以测试算法 Im-DGD。注意到 $f_i(x_i)$ 具有较大的条件数 $L/\mu\approx415$，以验证本节的算法 Im-DGD 与加速分布式方法 DIGing 和 EXTRA 相比，算法 DIGing 和 EXTRA 中步长的选择严格受到条件数的限制，而算法 Im-DGD 则是依赖于 Lipashitz 常数 L。这里在所有算法参数设置中，选择算法步长 $\eta=0.0004$，算法的最大迭代次数为 $N=1000$，根据 $t=k\sqrt{\eta}$ 可得，连续时间区间为［0，T］，其中 $T=N\sqrt{\eta}=20$。此外，关于算法的初值条件 x^0 是在［−10，10］上的独立同分布的随机变量，并通过计算得到相应的 $s_i^0=\nabla f_i(\mathrm{x}^0)$。为了更清晰观察实验结果各曲线轨迹，这里展示了迭代次数的前 10%的仿真结果。

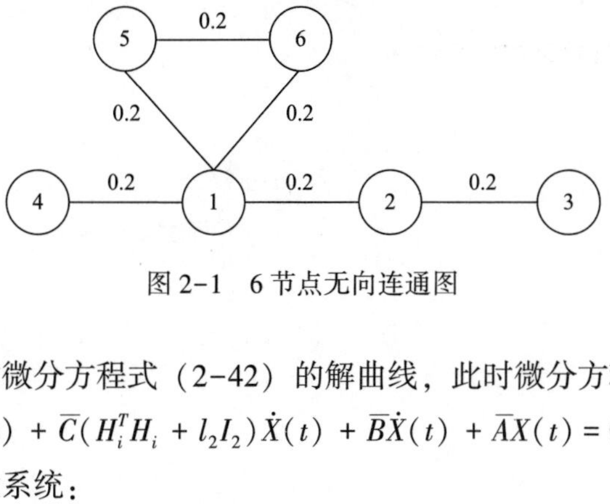

图 2-1　6 节点无向连通图

首先，考虑常微分方程式（2-42）的解曲线，此时微分方程为：

$$\ddot{X}(t)+\bar{C}(H_i^TH_i+l_2I_2)\dot{X}(t)+\bar{B}\dot{X}(t)+\bar{A}X(t)=\mathbf{0}_{np} \tag{2-98}$$

将其写为如下线性系统：

$$\begin{bmatrix}\dot{X}(t)\\ \ddot{X}(t)\end{bmatrix}=M\begin{bmatrix}X(t)\\ \dot{X}(t)\end{bmatrix} \tag{2-99}$$

式中：$M=\begin{bmatrix}\mathbf{0}_{np\times np} & I_{np}\\ -\bar{A} & -\bar{B}-\bar{C}(H^TH+l_2I_{12})\end{bmatrix}$，初值条件 $X(0)=\mathrm{x}^0$，根据定理 2.2 中初值条件 $\dot{X}(0)=\frac{1}{\sqrt{\eta}}((W-I_n)\otimes I_p)\mathrm{x}^0-\mathrm{s}^0$，通过计算得到初值条件 $\dot{X}(0)$，其中 $\mathrm{s}^0=\nabla F(\mathrm{x}^0)$。注意到上述微分方程是线性的，因此在求解微分方程数值解时，

这里采用了 MATLAB 中的求解器 ode23，可得微分方程的数值解曲线如图 2-2 所示，图（a）中微分方程解曲线一致且平滑地向稳定点移动，$X_i(t)$，$i=1$，…，6 都收敛于最小值 $x^*=[0.0159,\ 0.0091]$，图（b）展示了所有 $\dot{X}_i(t)$，$i=1$，…，6 收敛于［0，0］，这是因为各结点状态趋于稳定后，因此其变化率呈现了对应趋于 0 的趋势。一方面，微分方程的数值解轨迹呈现了良好的收敛性，且允许计算中取得较大步长实现轨迹的快速收敛。另一方面，通过对比图 2-2 与图 2-3 可以发现，在初值相同的情形下，各状态的轨迹曲线具有高度相似的特性，由此验证了常微分方程式（2-20）与算法 DIGing 是等价的。其次，算法 DIGing 的状态轨迹如图 2-3 所示，其中图（a）展示了所有对全局最优值点的估计 x_i^k，$i=1$，…，6 都收敛到精确解 x^*。类似地，从图（b）中可以看出平均梯度的所有估计值 s_i^k 都收敛于最优值点处的平均梯度［0，0］。在本实验中，由图 2-2、图 2-3 可以观察到给定步长微分方程数值解曲线与算法 DIGing 表现出相似的线性收敛速度。并且注意到在运用 MATLAB 中的求解器 ode23 时，其中微分方程的离散步长 h 可以选取较大值，这里选取的是 $h=0.01$。

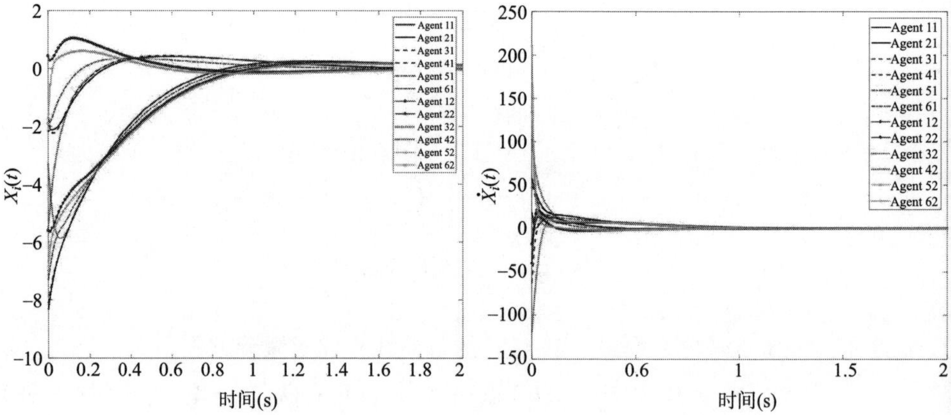

(a) 状态 $X_i(t)$ 轨迹　　(b) 状态 $\dot{X}_i(t)$ 轨迹

图 2-2　常微分方程式（2-20）的数值仿真结果

最后，考虑隐式加速算法 Im-DGD，根据定理 2.5 可知该算法允许选择较大的步长，这里选择 $h=0.01$ 时，得到数值结果如图 2-4 所示。实验结果表明，此时算法 Im-DGD 在较大步长时，展现了与小步长时算法 DIGing 相似的收敛速度。由图 2-4（a）可知，各节点的状态变量一致的收敛于最优值点。图 2-5（b）表明了 $Z_k-\dfrac{\overline{C}Q}{2}X_k$ 收敛于［0，0］的轨迹曲线，验证了定理 2.5 中的结论 $Z_k\to Z^*$，

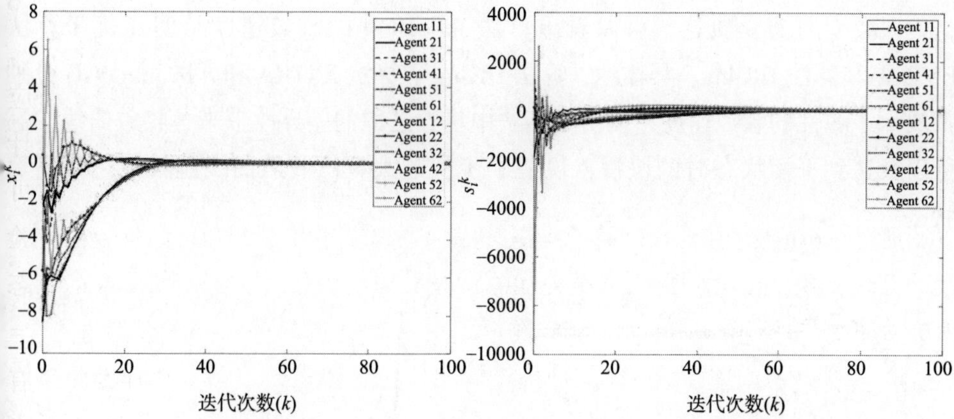

(a) 状态x_i^k轨迹　　(b) 状态s_i^k轨迹

图 2-3　算法 DIGing 实验结果

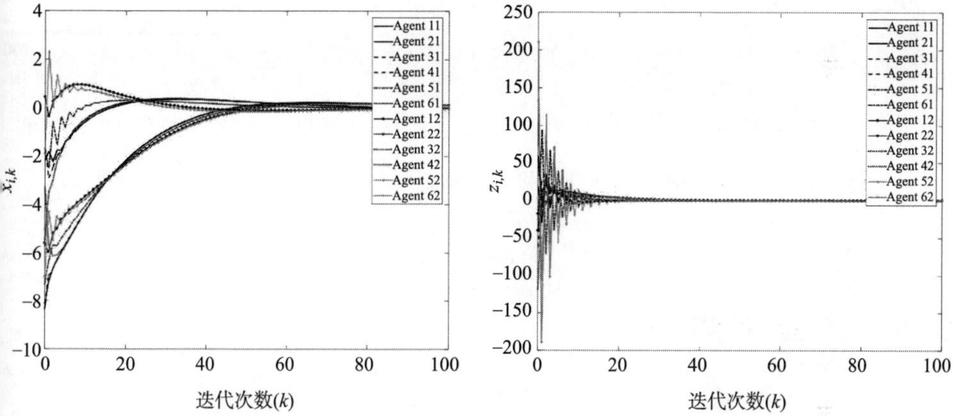

(a) 状态$X_{i,k}$轨迹　　(b) 状态$Z_{i,k}-\frac{\overline{C}Q}{2}X_{i,k}$轨迹

图 2-4　算法 Im-DGD 方法仿真结果

$k\to\infty$，其中 $Z^*=\frac{\overline{C}Q}{2}Z^*=\frac{\overline{C}Q}{2}(\mathbf{1}_n\otimes x^*)$。此外，将该算法 Im-DGD 与加速分布式优化算法进行对比，包括加速分布式梯度法 DIGing[41] 权重矩阵为由 Laplacian 方法生成的随机矩阵 W、算法 EXTRA[44] 权重矩阵为分别为 W 和 $\widetilde{W}$，其中选择为 $\widetilde{W}=\frac{W+I_6}{2}$，算法 Im-DGD 中矩阵与算法 DIGing 一致，保持与前文实验中相同的步长设置。所得实验结果如图 2-5 所示，其中图（a）为各算法的平均状态轨

迹 $\bar{x}_i^k$，$i=1$，2，呈现了，图（b）中是全局目标函数 f（$\bar{x}^k$）在平均状态 $\bar{x}^k$ 处随迭代次数 k 的演变轨迹，可以看出算法 Im-DGD 的收敛速度是明显优于算法 EXTRA 和算法 DIGing。具体地，算法 DIGing、算法 EXTRA 和算法 Im-DGD 分别都展示了线性的收敛速度，但由于算法中步长选取的差异性带来了收敛曲线的高低以及达到平衡状态时的快慢，说明了步长越大算法收敛曲线越快地达到平稳状态。

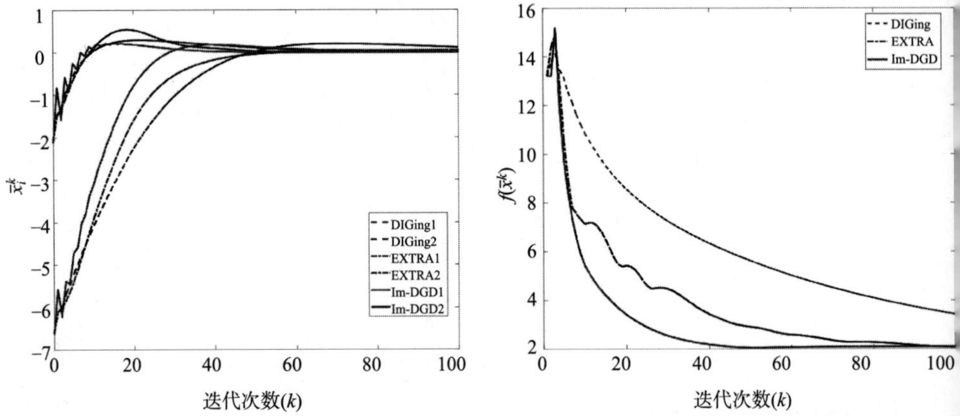

(a) 算法平均状态变量 $\bar{x}_i^k$ 轨迹　　(b) 全局目标函数 $f(\bar{x}^k)$ 轨迹

图 2-5　算法 Im-DGD、EXTRA 和 DIGing 得到的状态变量随迭代次数的演变

2.5　本章小结

研究了在无向连通图上局部目标函数为光滑强凸的情况下的分布优化问题，注意到回归问题中，通常使用均方误差来衡量模型的好坏，因此考虑目标函数为二次函数时，基于加速分布式优化算法例如算法 EXTRA、算法 DIGing 等，运用 Taylor 公式计算当步长趋于零时算法的极限，得到了一个二阶常微分方程初边值问题，为分布式优化算法收敛性分析提供了新的见解。利用微分方程数值方法对常微分方程进行隐式离散化，得到了新的线性收敛的加速分布式优化算法 Im-DGD。由理论分析可得算法 Im-DGD 的步长与目标函数条件数无关，且较原算法步长提升了近一个条件数倍，当局部目标函数为光滑强凸的二次函数情形时，克服了小步长导致的算法收敛速度慢的问题。实验结果表明，所提出的算法 Im-DGD 实现了较原算法更快的收敛速度。

本章研究表明，当目标函数为光滑强凸的二次函数时，基于目前加速分布式优化算法计算其关于步长趋于零时的极限得到了一个二阶微分方程，通过恰当的离散化可以得到一种新的加速分布式优化算法，那么考虑更一般的非线性目标函数时，类似加速算法的设计与分析是一个值得思考的问题。因此，未来的研究方向是在强凸目标函数和有向图的一般情况下，挖掘微分方程与加速分布式优化算法之间的联系，建立加速算法的设计与分析框架。

第3章　辛格式加速分布式梯度下降算法

在上一章中研究了当目标函数为二次函数时，加速分布式优化算法等价的常微分方程，利用线性系统收敛性分析微分方程的收敛性，证明了连续时间系统和离散时间算法的收敛速度的等价性。最后，借助经典微分方程数值理论，通过隐式离散格式对所得微分方程进行离散化，得实际应用中目标函数是一般非线性的[33,101]，如到了一种新的加速优化算法。在二次函数情形下，从理论分析得到了算法 Im-DGD 的步长与目标函数条件数无关，且较原算法步长提升了近一个条件数倍，实现了较原算法更快的收敛速度。然而，在机器学习分类问题中，常用的损失函数是交叉熵损失函数，以及目标检测、图像识别问题中的损失函数等属于对数类型的损失函数。此外，机器学习中指数损失函数、铰链损失函数等其他类型的损失函数均为一般形式非线性函数，而不仅是二次函数，因此，本章将进一步考虑目标函数为一般非线性函数时小步长导致算法收敛速度慢的问题。

本章拟考虑目标函数是一般非线性函数的情况，根据现有加速分布式优化算法得到一个新的非线性常微分方程，证明当步长趋于零时离散时间算法的极限可以用二阶非线性微分方程来描述，并将证明微分方程解的曲线收敛于优化问题的最优值点，由此保证常微分方程推导的有效性。对于本章获得的非线性常微分方程，将通过 Lyapunov 函数方法分析其指数衰减性，从而建立连续时间微分方程的指数收敛性。最后，对所得到的微分方程进行离散化，注意到此时所得微分方程是非线性的，如果继续采用前一章中的隐式离散格式对微分方程进行离散化，将会得到一个关于离散变量的非线性方程组，那么需要对这一方程组进行求解才能得到算法迭代变量，这无疑将导致大量的计算复杂度和运行内存的需求。因此，在本章中将采用显—隐式离散格式对非线性微分方程进行离散化，由此得到辛格式加速分布式优化算法（symplectic scheme distributed gradient descent，Sym-DGD），并将通过离散时间 Lyapunov 函数方法证明算法的线性收敛性，以期在一般非线性函数情形下，实现步长与目标函数条件数无关时加速算法的线性收敛速度。

3.1　问题描述

考虑如下基于给定无向连通图的分布式凸优化问题：

$$\min_{x \in \mathbb{R}^d} f(x) \triangleq \sum_{i=1}^{n} f_i(x) \tag{3-1}$$

无向连通图 $g=(v, \varepsilon)$，其中 $V=\{1, 2, \cdots, n\}$ 是节点集，$\varepsilon \subset (V, V)$ 是连边的集合，当且仅当两个节点相连接时，它们才能交换信息。在此情形，每个节点 i 仅知道它自己的局部凸函数 $f_i(x): \mathbb{R}^p \rightarrow \mathbb{R}$，分布式优化的目标是通过局部信息的计算和交换找到 $x^* \in \arg\min_{x \in \mathbb{R}^p} f(x)$。在本章中，保留上一章中对各节点的局部函数的假设 2.1 和假设 2.2，那么此时全局目标函数 $f(x)$ 是 L-光滑且 μ-强凸的，其中 $L=\max_{i=1, \cdots, n} L_i$ 和 $\mu=\min_{i=1, \cdots, n} \mu_i$。考虑函数 $f(x)$ 满足假设 2.1 和假设 2.2，并记 $S_{\mu, L}^{1, 1}(\mathbb{R}^d)$ 是在 $\mathbb{R}^d$ 上所有这类函数的集合。同样地，本书主要考虑无向连通图的情形。

记节点 i 上关于全局变量 x 的局部投影为 $x_i \in \mathbb{R}^d$，那么目标函数关于这些局部变量组成的向量矩阵的形式如下：

$$F(\mathrm{x}) \triangleq \sum_{i=1}^{n} f_i(x_i) \tag{3-2}$$

其中，$\mathrm{x}=[x_1^T, \cdots, x_n^T]^T \in \mathbb{R}^{nd}$，$F(\mathrm{x})$ 的梯度定义为：

$$\nabla F(\mathrm{x})=[\nabla^T f_1(x_1), \cdots, \nabla^T f_n(x_n^T)]^T \in \mathbb{R}^{nd} \tag{3-3}$$

以及 Hessian 矩阵 $\nabla^2 F(\mathrm{x})$ 定义如下：

$$\nabla^2 F(\mathrm{x})=\mathrm{blkdiag}(\nabla^2 f_1(x_1); \cdots; \nabla^2 f_n(x_n)) \in \mathbb{R}^{nd \times nd} \tag{3-4}$$

根据假设 2.1 和假设 2.2 知，$F(\mathrm{x})$ 是 L-Lipschitz 光滑且 μ-强凸的函数。

引理 3.1（文献［58］）

当假设 2.1、假设 2.2 成立时，如果 $F(\mathrm{x})$ 是二次连续可微函数，即函数 $F(\mathrm{x})$ 的 Hessian 矩阵 $\nabla^2 F(\mathrm{x})$ 是在 $\mathbb{R}^{nd}$ 上关于 x 的连续函数。那么，对任意 $\mathrm{x} \in \mathbb{R}^{nd}$，恒有如下不等式成立

$$\mathbf{0}_{nd \times nd} \prec \mu I_{nd} \preccurlyeq \nabla^2 F(x) \preccurlyeq L I_{nd} \tag{3-5}$$

在时不变无向连通图情形，文献［41］的作者证明了通过适当选取算法 EXTRA 中的两个混合矩阵，算法 DIGing 与算法 EXTRA 是等价的。因此本书主要考虑算法 DIGing，其中每个节点 $i=1, \cdots, n$ 在第 k 次迭代中有两个变量 $x_{i,k}$ 和 $s_{i,k}$ 分别是节点 i 在当前迭代中关于全局最优值和局部梯度平均值的估计，具体更新

如下：

$$x_{i,k+1}=\sum_{j=1}^{n}w_{ij}x_{i,k}-\eta s_{i,k} \tag{3-6}$$

$$s_{i,k+1}=\sum_{j=1}^{n}w_{ij}s_{i,k}+\nabla f_i(x_{i,k+1})-\nabla f_i(x_{i,k}) \tag{3-7}$$

式中：$w_{ij}\geqslant 0$ 是图 G 上各连边上的权值，$\eta>0$ 是步长，初始条件 $x_{i,0}\in\mathbb{R}^d$ 是任意的，$s_{i,0}=\nabla f_i(x_{i,0})$。记 $\mathrm{x}_k=[x_{1,k}^T,\ \cdots,\ x_{n,k}^T]^T$ 以及 $\mathrm{s}_k=[s_{1,k}^T,\ \cdots,\ s_{n,k}^T]^T$，那么算法 DIGing 可以写成如下矩阵—向量形式：

$$\mathrm{x}_{k+1}=(W\otimes I_d)\mathrm{x}_k-\eta\mathrm{s}_k \tag{3-8}$$

$$\mathrm{s}_{k+1}=(W\otimes I_d)\mathrm{s}_k+\nabla F(\mathrm{x}_{k+1})-\nabla F(\mathrm{x}_k) \tag{3-9}$$

式中：矩阵 $W=[w_{ij}]\in\mathbb{R}^{n\times n}$ 是权重矩阵，$I_d\in\mathbb{R}^{d\times d}$ 是单位矩阵。考虑关于权重矩阵 W 的假设 2.4，此时可得矩阵 W 的所有特征值都在区间（-1，1］上，并且在 1 处的特征值是唯一的，按照非增的顺序对 W 的特征值进行排序为如下：

$$1=\lambda_1(W)>\lambda_2(W)\geqslant\cdots\geqslant\lambda_n(W)>-1 \tag{3-10}$$

记 σ 为 W 的模第二大特征值，则有 $\sigma=\max\{|\lambda_2(W)|,\ |\lambda_n(W)|\}$，并且 $0\leqslant\sigma<1$。

当假设 2.1、假设 2.2 和假设 2.4 成立时，文献［41，42］中分别运用不同的方法建立了算法 EXTRA 和算法 DIGing 的线性收敛。在上一章中建立了离散算法等价于常微分方程的框架，并从常微分方程的角度分析了目标函数为二次函数时算法的线性收敛性，其中算法步长较原算法中步长提升了近一个条件数倍，实现了较原算法更快的收敛速度。然而在许多应用中例如使用 l_2-正则化[102] 的铰链损失训练支持向量机的分类器，分布式优化中的逻辑回归和机器学习[103] 等，目标函数通常是光滑的强凸函数而不是二次函数。这促使本节进一步考虑一般情况下的目标函数，将二次函数的常微分方程分析方法推广到一般情况是非常重要的，这需要通过恰当设计 Lyapunov 函数对非线性系统收敛性展开分析。

3.2 非线性微分方程

这一节中，对步长取趋于零的极限，得到算法 DIGing 的一个等价的二阶常微分方程。等价性的分析受到了文献［77］的启发，对算法步长进行极限运算，得到了一般凸函数的 Nesterov 加速梯度法算法近似于一个二阶常微分方程。这里的分析从算法 DIGing 开始，同样地将给出算法 EXTRA 同样可以用类似的常微分方程来近似。首先，关于定义在 $t\geqslant 0$ 上的光滑曲线 $X(t)$，引入记号 *ansatz* $\mathrm{x}_k\approx X(k\eta)$。给定时间 t，当步长 η 趋于 0 时，可得 $X(t)\approx\mathrm{x}_{t/\eta}=\mathrm{x}_k$ 和 $X(t+\eta)\approx\mathrm{x}_{(t+\eta)/\eta}=\mathrm{x}_{k+1}$，其中 $k=t/\eta$。根据上述假设可得如下 Taylor 展开式：

$$\frac{\mathrm{x}_{k+1}-\mathrm{x}_k}{\eta}=\dot{X}(t)+\frac{\eta}{2}\ddot{X}(t)+\frac{\eta^2}{3!}\dddot{X}(t)+o(\eta^2) \tag{3-11}$$

以及

$$\frac{\mathrm{x}_{k-1}-\mathrm{x}_k}{\eta}=-\dot{X}(t)+\frac{\eta}{2}\ddot{X}(t)-\frac{\eta^2}{3!}\dddot{X}(t)+o(\eta^2) \tag{3-12}$$

同样地，可以得到如下关于梯度函数在 $\nabla F(x_{k-1})$ 在 x_k 处的 Taylor 展开：

$$\frac{\nabla F(\mathrm{x}_{k-1})-\nabla F(\mathrm{x}_k)}{\eta}=-\nabla^2 F(X(t))\dot{X}(t)+o(1) \tag{3-13}$$

由（3-8）和（3-9）可得：

$$\begin{aligned}&-\frac{1}{\eta}(\mathrm{x}_{k+1}-(W\otimes I_d)\mathrm{x}_k)\\&=-\frac{1}{\eta}(W\otimes I_d)(\mathrm{x}_k-(W\otimes I_d)\mathrm{x}_{k-1})+\nabla F(\mathrm{x}_k)-\nabla F(\mathrm{x}_{k-1})\end{aligned} \tag{3-14}$$

对上式整理可得：

$$\mathrm{x}_{k+1}=2(W\otimes I_d)\mathrm{x}_k-(W^2\otimes I_d)\mathrm{x}_{k-1}-\eta(\nabla F(\mathrm{x}_k)-\nabla F(\mathrm{x}_{k-1})) \tag{3-15}$$

将（3-11）~（3-13）代入（3-15）可得：

$$\begin{aligned}&\eta^2\ddot{X}(t)+o(\eta^3)\\&=((W^2-I_n)\otimes I_d)\left(\eta\dot{X}(t)+\frac{\eta^2}{2}\ddot{X}(t)+o(\eta^2)\right)\\&\quad-((W-I_n)^2\otimes I_d)X(t)-\eta^2\nabla^2F(X(t))\dot{X}(t)+o(\eta^2)\end{aligned} \tag{3-16}$$

当 η 趋于零时，算法 DIGing 的极限可以用如下二阶常微分方程描述：

$$\begin{aligned}&\frac{\eta^2}{2}((W^2+I_n)\otimes I_d)\ddot{X}(t)\\&=\eta((W^2-I_n)\otimes I_d)\dot{X}(t)-((W-I_n)^2\otimes I_d)X(t)-\eta^2\nabla^2F(X(t))\dot{X}(t)\end{aligned} \tag{3-17}$$

因此当步长 η 充分小时，称其为算法 DIGing 的近似等价常微分方程，并将（3-17）简写为如下形式：

$$D\ddot{X}(t)+B\dot{X}(t)+AX(t)+C\nabla^2F(X(t))\dot{X}(t)=\mathbf{0}_{nd} \tag{3-18}$$

其中：

$$A=(W-I_n)^2\otimes I_d \tag{3-19}$$

$$B = 2\eta((I_n - W^2) \otimes I_d) \tag{3-20}$$

$$C = 2\eta^2 I_{nd} \tag{3-21}$$

$$D = \eta^2((W^2 + I_n) \otimes I_d) \tag{3-22}$$

这里微分方程的初边值条件为 $X(0) = \mathrm{x}_0 \in \mathbb{R}^{nd}$ 以及 $\dot{X}(0) = \frac{1}{\eta}[((W - I_n) \otimes I_d) \mathrm{x}_0 - \eta \mathrm{s}_0]$。

首先，介绍如下关于矩阵多项式特征值的性质。记矩阵 A、B 和 D 的特征值分别为 λ_A、λ_B 和 λ_D，那么根据矩阵的定义和矩阵特征值的性质定理 2.1 和引理 2.4 可得，$\lambda_A^i = 2(1 - \lambda_i)^2$、$\lambda_B^i = 2\eta(1 - \lambda_i^2)$ 和 $\lambda_D^i = 2\eta^2(1+\lambda_i^2)$，$i=1$，…，$n$，且各矩阵的每个特征值的重数都为 d。根据矩阵 W 的特征值满足 $-1<\lambda_i \leqslant 1$，因此可得 $0 \leqslant \lambda_A^i < 8$、$0 \leqslant \lambda_B^i < 2\eta$ 和 $\eta^2 < \lambda_A^i \leqslant 2\eta^2$。

注 3.1

记 W_1 和 W_2 分别为 EXTRA 中两个混合权重矩阵，则有：

$$\mathrm{x}_{k+2} = (W_1 \otimes I_d)\mathrm{x}_{k+1} - \eta \nabla F(\mathrm{x}_{k+1}) \tag{3-23}$$

$$\mathrm{x}_{k+1} = (W_2 \otimes I_d)\mathrm{x}_k - \eta \nabla F(\mathrm{x}_k) \tag{3-24}$$

其中，W_2 满足 $W_2 + I_n$ 是可逆矩阵，那么可以得到类似于（3-18）的常微分方程如下：

$$\ddot{X}(t) = - B_1\dot{X}(t) - A_1X(t) - C_1 \nabla^2 F(X(t))\dot{X}(t) \tag{3-25}$$

式中：$A_1 = \widetilde{A}_1 \otimes I_d$、$B_1 = \widetilde{B}_1 \otimes I_d$ 和 $C_1 = \widetilde{C}_1 \otimes I_d$。具体地：

$$\widetilde{A}_1 = \frac{2}{\eta^2}(W_2 + I_n)^{-1}(W_2 - W_1) \tag{3-26}$$

$$\widetilde{B}_1 = \frac{2}{\eta}(W_2 + I_n)^{-1}(I_n - W_2) \tag{3-27}$$

$$\widetilde{C}_1 = 2(W_2 + I_n)^{-1} \tag{3-28}$$

如文献［41］中所述，当 $W_1 = 2W - I_n$ 和 $W_2 = W^2$ 时，算法 EXTRA 与算法 DIGing 是相同的，值得注意的是此时微分方程（3-18）和（3-25）是相同的，由此说明了微分方程保持了原算法的特性。

命题 3.1（文献［44］）

假设 $\mathrm{null}\{I_n - W\} = \mathrm{span}\{\mathbf{1}_n\}$，其中 $W \in \mathbb{R}^{n\times n}$，若 x^* 满足 $\mathrm{x}^* = (W \otimes I_d)\mathrm{x}^*$，$(\mathbf{1}_n^T \otimes I_d)\nabla F(\mathrm{x}^*) = \mathbf{0}_d$，那么，对任意 i，$j = 1$，…，n，恒有 $x_i^* = x_j^*$，并且 x_i^* 是（3-1）最优解。

对任意 $X \in \mathbb{R}^{nd}$，考虑如下分解：

$$X = U + V \tag{3-29}$$

其中 $U = [U_1^T, \cdots, U_n^T]^T \in \mathbb{R}^{nd}$ 以及 $V = [V_1^T, \cdots, V_n^T]^T \in \mathbb{R}^{nd}$，那么存在 $u \in \mathbb{R}^d$ 且 $u \neq \mathbf{0}_d$ 使得 $U_i \in \mathbb{R}^d$ 和 $V_i \in \mathbb{R}^d$ 分别属于张成空间 $\text{span}\{\mathbf{1}_n \otimes u\}$ 和 $\text{span}\{\mathbf{1}_n \otimes u\}^\perp$。显然地，根据正交分解的概念得到 $\|X\|^2 = \|U\|^2 + \|V\|^2$。由命题 3.1，可知 $\mathrm{x}^* = \mathbf{1}_n \otimes x^*$，所以有 $\langle U - \mathbf{1}_n \otimes \mathrm{x}^*, V\rangle = 0$，因此可得如下关系式：

$$\|X - \mathbf{1}_n \otimes \mathrm{x}^*\|^2 = \|U - \mathbf{1}_n \otimes \mathrm{x}^*\|^2 + \|V\|^2 \tag{3-30}$$

此外，根据 $U - \mathbf{1}_n \otimes \mathrm{x}^* \in \text{null}\{(I_n - W) \otimes I_d\}$ 和 $V \in \text{span}\{(I_n - W) \otimes I_d\}$ 的事实，可得如下不等式：

$$\begin{aligned}\|X - \mathbf{1}_n \otimes \mathrm{x}^*\|^2_{(I_n - W)\otimes I_d} &= \|V\|^2_{(I_n - W)\otimes I_d} \\ &\geqslant \lambda_{\min}((I_n - W) \otimes I_d) \cdot \|V\|^2\end{aligned} \tag{3-31}$$

其中，$\lambda_{\min}((I_n - W) \otimes I_d)$ 是半正定矩阵 $I_n - W$ 的最小非零特征值。根据 σ 的定义，可得 $\lambda_{\min}((I_n - W) \otimes I_d) = 1 - \sigma > 0$。

对任意非零 $\|X - \mathbf{1}_n \otimes \mathrm{x}^*\|^2$，不失一般性，假设 $\|V\|>0$，那么存在 $0<\gamma\leqslant 1$，使得：

$$\gamma\|U - \mathbf{1}_n \otimes \mathrm{x}^*\|^2 \leqslant \|V\|^2 \leqslant \frac{1}{\gamma}\|U - \mathbf{1}_n \otimes \mathrm{x}^*\|^2 \tag{3-32}$$

因此可得：

$$\|X - \mathbf{1}_n \otimes \mathrm{x}^*\|^2 \leqslant \|U - \mathbf{1}_n \otimes \mathrm{x}^*\|^2 + \|V\|^2 \leqslant \frac{1+\gamma}{\gamma}\|V\|^2 \tag{3-33}$$

则有如下不等式成立：

$$\|V\|^2 \geqslant \frac{\gamma}{1+\gamma}\|X - \mathbf{1}_n \otimes \mathrm{x}^*\|^2 \tag{3-34}$$

由（3-31）可得：

$$\|X - \mathbf{1}_n \otimes \mathrm{x}^*\|^2_{(I_n - W)\otimes I_d} \geqslant \frac{(1-\sigma)\gamma}{1+\gamma}\|X - \mathbf{1}_n \otimes \mathrm{x}^*\|^2 \tag{3-35}$$

通过如下定理说明常微分方程解的存在唯一性。

定理 3.1

对任意满足假设 2.1、假设 2.2 和假设 2.4 的函数 $f(x)$，对任意 $\mathrm{x}_0 \in \mathbb{R}^{nd}$，具有初边值条件 $X(0) = \mathrm{x}_0$ 和 $\dot{X}(0) = \frac{1}{\sqrt{\eta}}((W - I_n) \otimes I_p)\mathrm{x}_0 - \mathrm{s}_0$ 的微分方程（3-18）存在全局唯一解 $X(t) \in C^2([0, \infty); \mathbb{R}^{nd})$。

证明

为了证明常微分方程（3-18）存在全局唯一解。记 $Z = D\dot{X} + C\nabla F(X)$ 则有：

$$\dot{X} = D^{-1}(Z + C\nabla F(X)) \tag{3-36}$$

那么由式（3-18）可得：

$$\dot{Z} = D\ddot{X} + C\nabla^2 F(X)\dot{X} = -AX - B\dot{X} = -AX - BD^{-1}(Z + C\nabla F(X)) \tag{3-37}$$

因此常微分方程式（3-18）可以写成如下形式：

$$\frac{\mathrm{d}}{\mathrm{d}t}\begin{pmatrix} X \\ Z \end{pmatrix} = \begin{pmatrix} D^{-1}(Z + C\nabla F(X)) \\ -AX - BD^{-1}(Z + C\nabla F(X)) \end{pmatrix} \stackrel{\Delta}{=} G(X, Z) \tag{3-38}$$

初值边条件为 $X(0) = \mathrm{x}_0$、$\dot{X}(0) = \frac{1}{\sqrt{\eta}}((W - I_n) \otimes I_p)\mathrm{x}_0 - \mathrm{s}_0$ 和 $Z(0) = D\dot{X}(0) + C\nabla F(\mathrm{x}_0)$。

考虑给定集合 $M \subseteq \mathbb{R}^{2nd}$ 为紧集，则对任意 $(X, Z) \in M$ 存在 $\Gamma > 0$，使得 $\|(X, Z)\| \leqslant \Gamma$。根据 $F(\cdot)$ 是 L-Lipschitz 光滑的，其中 $L = \max\limits_{i=1, \cdots, n} L_i > 0$，则对任意 $X, Y \in \mathbb{R}^{nd}$ 都有：

$$\|\nabla F(X) - \nabla F(Y)\| \leqslant L\|X - Y\| \tag{3-39}$$

因此关于 $(X, Z)^T$ 的函数，对任意 $(X_1, Z_1)^T$，$(X_2, Z_2)^T \in M$ 有：

$$\begin{aligned} &\|G(X_1, Z_1) - G(X_2, Z_2)\| \\ = &\left\| \begin{pmatrix} D^{-1}(Z_1 + C\nabla F(X_1)) \\ -AX_1 - BD^{-1}(Z_1 + C\nabla F(X_1)) \end{pmatrix} - \begin{pmatrix} D^{-1}(Z_2 + C\nabla F(X_2)) \\ -AX_2 - BD^{-1}(Z_2 + C\nabla F(X_2)) \end{pmatrix} \right\| \\ \leqslant &\left\| \begin{pmatrix} D^{-1}C(\nabla F(X_1) - \nabla F(X_2)) \\ -BD^{-1}C(\nabla F(X_1) - \nabla F(X_2)) \end{pmatrix} \right\| + \left\| \begin{pmatrix} \mathbf{0}_{nd} \\ -A(X_1 - X_2) \end{pmatrix} \right\| \\ + &\left\| \begin{pmatrix} D^{-1}(Z_1 - Z_2) \\ -BD^{-1}(Z_1 - Z_2) \end{pmatrix} \right\| \end{aligned} \tag{3-40}$$

其中，上式中的不等式成立用到了 Minkovski 不等式。

根据向量范数及其诱导矩阵范数的概念可得如下不等式：

$$\left\| \begin{pmatrix} \mathbf{0}_{nd} \\ -A(X_1 - X_2) \end{pmatrix} \right\| = \|A(X_1 - X_2)\| \leqslant \rho(A)\|X_1 - X_2\| \leqslant 8\|X_1 - X_2\| \tag{3-41}$$

$$\begin{aligned}&\left\|\begin{pmatrix} D^{-1}C(\nabla F(X_1)-\nabla F(X_2)) \\ -BD^{-1}C(\nabla F(X_1)-\nabla F(X_2))\end{pmatrix}\right\| \\ &\leqslant \|D^{-1}C(\nabla F(X_1)-\nabla F(X_2))\|+\|BD^{-1}C(\nabla F(X_1)-\nabla F(X_2))\| \\ &\leqslant 2\|\nabla F(X_1)-\nabla F(X_2)\|+4\eta\|\nabla F(X_1)-\nabla F(X_2)\| \\ &\leqslant 2L(1+2\eta)\|X_1-X_2\|\end{aligned} \tag{3-42}$$

其中，第一个不等式的成立用到了均值不等式，第二个不等式的成立用到了矩阵谱范数的概念，第三个不等式中用到了 $F(\cdot)$ 是 L -Lipschitz 连续的性质。

类似地，根据矩阵谱范数可得如下不等式：

$$\left\|\begin{pmatrix} D^{-1}(Z_1-Z_2) \\ -BD^{-1}(Z_1-Z_2)\end{pmatrix}\right\| \leqslant \frac{1+\rho(B)}{\eta^2}\|Z_1-Z_2\| \leqslant \frac{1+2\eta}{\eta^2}\|Z_1-Z_2\| \tag{3-43}$$

综上所述，由微分方程（3-38）可得：

$$\begin{aligned}&\|G(X_1, Z_1)-G(X_2, Z_2)\| \\ &\leqslant 2(4+L+\eta L)\|X_1-X_2\|+\frac{1+2\eta}{\eta^2}\|Z_1-Z_2\| \\ &\leqslant \sqrt{2}\max\left\{2(4+L+\eta L), \frac{1+2\eta}{\eta^2}\right\}\times\left\|\begin{pmatrix}X_1\\Z_1\end{pmatrix}-\begin{pmatrix}X_2\\Z_2\end{pmatrix}\right\|\end{aligned} \tag{3-44}$$

其中第二个不等式的成立用到了均值不等式。

综上所述，由微分方程式（3-18）和 Lipschitz 条件（3-44），根据常微分方程初值问题解的存在唯一性经典理论可知，常微分方程（3-18）在给定初边值条件下存在唯一解。证毕。

下面通过定义新的 Lyapunov 函数建立常微分方程（3-18）的指数收敛性和其衰减率。在不致混淆的情形下，后文将省略 $X(t)$ 和 $\dot{X}(t)$ 中的 t。此外根据文献［41］可知，由算法 DIGing 生成的序列 $\{x_k\}_{k=1}^{\infty}$ 收敛于 $X^*=\mathbf{1}_n\otimes x^*$，其中 x^* 是（3-1）问题的最优解值点。根据如下 Lyapunov 函数来分析常微分方程（3-18）的收敛性：

$$\begin{aligned}V(t) &\triangleq V(X(t), \dot{X}(t)) \\ &=\eta^3(F(X)-F(X^*)-\langle\nabla F(X^*), X-X^*\rangle)+\frac{1}{2}\|\overline{D}\dot{X}\|^2+\frac{1}{2}\|H(X-X^*)\|^2 \\ &\quad+\frac{1}{2}\|D\dot{X}+B(X-X^*)+C(\nabla F(X)-\nabla F(X^*))\|^2\end{aligned} \tag{3-45}$$

式中：$D=\overline{D}^2$，$H^2=DA+A$。

定理 3.2

当假设 2.1、假设 2.2 和假设 2.4 成立时，考虑常微分方程（3-18），存在 $\kappa=\eta^2>0$，使得当步长 η 满足 $\eta \leqslant \min\left\{\frac{\mu}{2}, \frac{\gamma}{1+\gamma} \cdot \frac{(1-\sigma)^4}{2L(1+\sigma)^2}\right\}$ 时，对任意 $t>0$ 有如下不等式成立：

$$\|X - X^*\|^2 \leqslant \frac{2V(0)}{\mu\eta^2}e^{-\kappa t} \tag{3-46}$$

注 3.2

在给出具体证明之前先对假设条件的合理性进行说明。首先，注意到在机器学习分类问题中，常用的是交叉熵损失函数和指数函数等类型的损失函数，以及目标检测、图像识别问题中的损失函数等属于对数类型的损失函数均为光滑凸函数。其次，如果只假设目标函数的可微性，并不能获得关于最小化过程的任何合理的性质，需要对导数的进行一些额外的假设。在传统最优化问题中，这种假设通常是以 Lipschitz 条件的形式给出的。

综上所述，假设 2.1 是合理的。首先，机器学习中常通过在损失函数中添加 L2 正则项以降低模型复杂度，使得光滑凸的损失函数具备了强凸特性，因此关于目标函数为强凸的假设 2.2 是合理的。其次，关于图的连通性和权重的归一化设置，在实际应用中既有反映变量间的相关性，即关联关系的无向图，也有刻画变量间显示存在的因果关系的有向图，前者正是假设 2.4，因此该假设是合理的。下面，在假设条件成立的条件下，完成对定理中结论的证明。

证明

根据 $F(\cdot)$ 是凸函数的事实可得：

$$F(X)-F(X^*)-\langle \nabla F(X^*), X-X^* \rangle \geqslant 0 \tag{3-47}$$

因此，$V\geqslant 0$ 是显然的。

下面将证明 $\dot{V}\leqslant 0$。根据 $V(t)$ 的定义可得 V 关于时间 t 的导数如下：

$$\begin{aligned}\dot{V}(t)=\eta^3(\langle \nabla F(X), \dot{X}\rangle-\langle \nabla F(X^*), \dot{X}\rangle)+\langle \overline{D}\dot{X}, \overline{D}\ddot{X}\rangle+\langle H(X-X^*), H\dot{X}\rangle \\ +\langle D\dot{X}+B(X-X^*)+C(\nabla F(X)-\nabla F(X^*)), D\ddot{X}+B\dot{X}+C\nabla^2F(X)\dot{X}\rangle\end{aligned} \tag{3-48}$$

由 $X(t)$ 满足式（3-18）以及 $D=\overline{D}^2$ 可得：

$$\begin{aligned}\dot{V}(t)=\eta^3\langle \nabla F(X)-\nabla F(X^*), \dot{X}\rangle+\langle H(X-X^*), H\dot{X}\rangle-\langle \dot{X}, B\dot{X}+AX+C\nabla^2F(X)\dot{X}\rangle \\ +\langle D\dot{X}+B(X-X^*)+C(\nabla F(X)-\nabla F(X^*)), -A(X-X^*)\rangle\end{aligned} \tag{3-49}$$

根据 $H^2 = DA + A$ 整理可得：

$$\dot{V}(t)=\eta^3\langle\nabla F(X)-\nabla F(X^*),\ \dot{X}\rangle-\langle B(X-X^*),\ A(X-X^*)\rangle-\langle\dot{X},\ B\dot{X}(t)\rangle -\langle C(\nabla F(X)-\nabla F(X^*)),\ A(X-X^*)\rangle-\langle\dot{X},\ C\nabla^2F(X)\dot{X}\rangle \tag{3-50}$$

由（3-50）中第二项，根据矩阵 A、B 的定义：

$$\begin{aligned} AB &= 2(I_n - W)^2 \otimes I_d \cdot 2\eta((I_n - W^2)\otimes I_d) \\ &= 4\eta((W - I_n)^2(I_n - W^2)\otimes I_d) \end{aligned} \tag{3-51}$$

矩阵 $(W + I_n)\otimes I_d$ 是正定的，且其最小特征值为 $\lambda_{\min}((W + I_n)\otimes I_d) = 1 - \sigma \in (0,\ 1)$，因此可得如下不等式：

$$\begin{aligned} \langle B(X-X^*),\ A(X-X^*)\rangle &= 4\eta\langle((W-I_n)^2(I_n-W^2)\otimes I_d)(X-X^*),\ (X-X^*)\rangle \\ &\geqslant 4\eta\lambda_{\min}((W+I_n)\otimes I_d)\cdot\frac{\gamma(1-\sigma)^3}{1+\gamma}\|X-1_n\otimes x^*\|^2 \\ &= \frac{4\eta\gamma(1-\sigma)^4}{1+\gamma}\|X-X^*\|^2 \end{aligned} \tag{3-52}$$

其中，第一个不等式的成立用到了范数不等式（3-35）。

根据矩阵 A 和 C 的定义可知：

$$AC = 4\eta^2((I_n - W)^2 \otimes I_d) \tag{3-53}$$

进而由关于矩阵多项式的特征值的引理 2.1 可得，矩阵 AC 和矩阵 B 的特征值分别为：

$$\lambda_i(AC) = 4\eta^2(1 - \lambda_i)^2 \tag{3-54}$$

$$\lambda_i(B) = 2\eta(1 - \lambda_i)(1 + \lambda_i) \tag{3-55}$$

式中：λ_i（$i=1,\ \cdots,\ n$）是矩阵 W 的特征值，并且根据 $-1<\lambda_i\leqslant 1$ 可知：

$$0 \leqslant \lambda_i(AC) < 4\eta^2(1 + \sigma)^2 \tag{3-56}$$

$$\lambda_i(B) \geqslant 0 \tag{3-57}$$

因此，矩阵 AC 和矩阵 B 都是半正定矩阵。

进一步对式（3-50）整理可得：

$$\begin{aligned} \dot{V}(t) &= \eta^3\langle\nabla F(X) - \nabla F(X^*),\ \dot{X}\rangle - \frac{4\eta\gamma(1-\sigma)^4}{1+\gamma}\|X - X^*\|^2 \\ &\quad - \|\nabla F(X) - \nabla F(X^*)\|\cdot\|AC(X - X^*)\| - \langle\dot{X},\ C\nabla^2F(X)\dot{X}\rangle \\ &\leqslant \frac{\eta^3}{2}\|\nabla F(X) - \nabla F(X^*)\|^2 + \frac{\eta^3}{2}\|\dot{X}\|^2 - \frac{4\eta\gamma(1-\sigma)^4}{1+\gamma}\|X - X^*\|^2 \\ &\quad - \langle\dot{X},\ C\nabla^2F(X)\dot{X}\rangle + 4\eta^2(1+\sigma)^2\|\nabla F(X) - \nabla F(X^*)\|\cdot\|X - X^*\| \end{aligned} \tag{3-58}$$

注意到，对任意 X 根据引理 3.1 可得：

$$C\nabla^2 F(X)=2\eta^2\nabla^2 F(X)\geqslant 2\eta^2\mu I_{nd} \tag{3-59}$$

根据函数 $F(X)$ 梯度是 L-Lipschitz 连续的事实可得：

$$\begin{aligned}\dot{V}(t)=&\frac{\eta^3L^2}{2}\|X-X^*\|^2+\frac{\eta^3}{2}\|\dot{X}\|^2-4\eta^2\mu\|\dot{X}\|^2-\frac{4\eta\gamma(1-\sigma)^4}{1+\gamma}\|X-X^*\|^2\\&+4\eta^2L(1+\sigma)^2\|X-X^*\|^2\end{aligned} \tag{3-60}$$

$$\begin{cases}\eta\leqslant\sqrt{\dfrac{\gamma}{1+\gamma}\dfrac{2(1-\sigma)^2}{L}},\ \dfrac{\eta^3L^2}{2}\|X-X^*\|^2-\dfrac{1}{2}\cdot\dfrac{4\eta\gamma(1-\sigma)^4}{1+\gamma}\|X-X^*\|^2\leqslant 0\\ \eta\leqslant 2\mu,\ \dfrac{\eta^3}{2}\|\dot{X}\|^2-\eta^2\mu\|\dot{X}\|^2\leqslant 0\\ \eta\leqslant\dfrac{\gamma}{1+\gamma}\dfrac{(1-\sigma)^4}{2L(1+\sigma)^2},\ 4\eta^2L(1+\sigma)^2\|X-X^*\|^2-\dfrac{1}{2}\cdot\dfrac{4\eta\gamma(1-\sigma)^4}{1+\gamma}\|X-X^*\|^2\leqslant 0\\ \eta\leqslant\min\left\{2\mu,\ \dfrac{\gamma}{1+\gamma}\dfrac{(1-\sigma)^4}{2L(1+\sigma)^2}\right\},\ \dot{V}(t)=-\eta^2\mu\|\dot{X}\|^2-\dfrac{2\eta\gamma(1-\sigma)^4}{1+\gamma}\|X-X^*\|^2\end{cases} \tag{3-61}$$

根据函数 $F(X)$ 是 L-光滑的可得如下不等式：

$$F(X)-F(X^*)-\langle\nabla F(X^*),\ X-X^*\rangle\leqslant\frac{L}{2}\|X-X^*\|^2 \tag{3-62}$$

当$\eta^2\leqslant\dfrac{\gamma(1-\sigma)^4}{L(1+\gamma)}$时：

$$\frac{\eta^3}{2}(F(X)-F(X^*)-\langle\nabla F(X^*),\ X-X^*\rangle)-\frac{\eta\gamma(1-\sigma)^4}{2(1+\gamma)}\|X-X^*\|^2\leqslant 0 \tag{3-63}$$

根据均值不等式可得：

$$\begin{aligned}&\|D\dot{X}+B(X-X^*)+C(\nabla F(X)-\nabla F(X^*))\|^2\\ \leqslant&\ 3(\|D\dot{X}\|^2+\|B(X-X^*)\|^2+\|C(\nabla F(X)-\nabla F(X^*))\|^2)\\ \leqslant&\ 3(4\eta^4\|\dot{X}\|^2+4\eta^4\|X-X^*\|^2+4\eta^4\|\nabla F(X)-\nabla F(X^*)\|^2)\\ \leqslant&\ 12\eta^4\|\dot{X}\|^2+12\eta^2(1+\eta^2L^2)\|X-X^*\|^2\end{aligned} \tag{3-64}$$

进一步，当 η 满足 $\eta\leqslant\dfrac{\gamma(1-\sigma)^4}{12(1+\gamma)}$，并且$\eta^3\leqslant\min\left\{\dfrac{\mu}{12},\ \dfrac{\gamma(1-\sigma)^4}{12L^2(1+\gamma)}\right\}$ 时，有如下不等式成立：

$$\begin{aligned}&\|D\dot{X}+B(X-X^*)+C(\nabla F(X)-\nabla F(X^*))\|^2\\ &\leqslant\frac{\eta^2\mu}{2}\|\dot{X}\|^2+\frac{\eta\gamma(1-\sigma)^4}{1+\gamma}\|X-X^*\|^2\end{aligned} \tag{3-65}$$

此外，当 $\eta \leqslant \frac{\mu}{2}$ 时：

$$\eta \|\overline{D}\dot{X}\|^2 - \eta^2 \mu \|\dot{X}\|^2 \leqslant 0 \tag{3-66}$$

同时，当 η 满足 $\eta \leqslant \frac{\gamma}{4(1+\gamma)} \frac{(1-\sigma)^4}{(1+\sigma)^2}$ 且 $\eta^3 \leqslant \frac{\gamma}{8(1+\gamma)} \frac{(1-\sigma)^4}{(1+\sigma)^2}$ 时：

$$\eta^2 \|H(X - X^*)\|^2 - \frac{\eta\gamma(1-\sigma)^4}{1+\gamma} \|X - X^*\|^2 \leqslant 0 \tag{3-67}$$

因此可得，当 $\eta \leqslant \min\left\{\frac{\mu}{2}, \frac{\gamma}{1+\gamma} \frac{(1-\sigma)^4}{2L(1+\sigma)^2}\right\}$ 时，将（3-63）~（3-67）依次代入（3-61）可得：

$$\begin{aligned}\dot{V}(t) &\leqslant -\eta^3(F(X) - F(X^*) - \langle \nabla F(X^*), X - X^* \rangle) - \frac{\eta}{2}\|\overline{D}\dot{X}\|^2 \\ &\quad - \frac{\eta^2}{2}\|H(X - X^*)\|^2 - \frac{1}{2}\|D\dot{X} + B(X - X^*) + C(\nabla F(X) - \nabla F(X^*))\|^2 \\ &\leqslant \kappa V\end{aligned} \tag{3-68}$$

式中，$\kappa = \min\{\eta, \eta^2\} = \eta^2$。证毕。

上述定理的结果说明了常微分方程解的指数收敛性，在下面的定理中将证明离散时间算法近似等价于常微分方程的唯一解。

定理 3.3

对任意 $f \in S_{\mu, L}^{1,2}(\mathbb{R}^d)$，当 η 趋于零时算法 DIGing 的得到的迭代序列 $\{\mathrm{x}_k\}$ 的极限收敛于常微分方程（3-18）的解曲线，即对给定时间区间 $[0, T]$，$T>0$ 可得：

$$\lim_{\eta \to 0} \max_{0 \leqslant k \leqslant \frac{T}{\eta}} \|\mathrm{x}_k - X(k\eta)\| = 0 \tag{3-69}$$

证明

对式（3-18）进行辛格式离散化可得：

$$\begin{aligned}&D\frac{X(t+\eta) - 2X(t) + X(t-\eta)}{\eta^2} + \frac{B}{2}\left(\frac{X(t+\eta) - X(t)}{\eta} + \frac{X(t) - X(t-\eta)}{\eta}\right) \\ &\quad + AX(t) + C(\nabla F(X(t)) - \nabla F(X(t-\eta))) = \mathbf{0}_{nd}\end{aligned} \tag{3-70}$$

将矩阵 A、B、C 和 D 代入上式并整理可得：

$$\begin{aligned}&X(t+\eta) - (2W \otimes I_d)X(t) - (W^2 \otimes I_d)X(t-\eta) \\ &\quad - \eta^2(\nabla F(X(t)) - \nabla F(X(t-\eta))) = \mathbf{0}_{nd}\end{aligned} \tag{3-71}$$

令 $k = t/\eta$ 可得 $X(k\eta) = X(t)$，定义记号：

$$Z(k\eta)=\frac{X((k+1)\eta)-(W\otimes I_d)X(k\eta)}{\eta} \tag{3-72}$$

那么（3-71）等价于：

$$X((k+1)\eta)=(W\otimes I_d)X(k\eta)+\eta Z(k\eta) \tag{3-73}$$

$$Z((k+1)\eta)=(W\otimes I_d)Z(k\eta)-\eta\nabla F(X[(k+1)\eta])+\eta\nabla F(X(k\eta)) \tag{3-74}$$

令 $\mathrm{z}_k=\frac{\mathrm{x}_{k+1}-(W\otimes I_d)\mathrm{x}_k}{\eta}$，那么算法 DIGing 等价于：

$$\mathrm{x}_{k+1}=(W\otimes I_d)\mathrm{x}_k+\eta\mathrm{z}_k \tag{3-75}$$

$$\mathrm{z}_{k+1}=(W\otimes I_d)\mathrm{z}_k-\eta\nabla F(\mathrm{x}_{k+1})+\eta\nabla F(\mathrm{x}_k) \tag{3-76}$$

下面分析离散时间 x_k 与连续时间 $X(k\eta)$ 之间误差的有界性，记 $u_k=\|X(k\eta)-\mathrm{x}_k\|$ 和 $v_k=\|Z(k\eta)-\mathrm{z}_k\|$，其中初值条件为 $u_0=0$ 和 $v_0=0$，通过数学归纳法进行证明，该证明的思想是通过同时估计 u_k 和 v_k 来约束 u_k 上界。通过对比（3-73）、(3-74）和（3-75）、(3-76)，可以得到迭代不等式 $u_{k+1}\leqslant u_k+\eta v_k$。若记 $T_k=v_1+v_2+\cdots+v_k$，则有，$u_{k+1}\leqslant\eta T_k$。

类似地：

$$\begin{aligned}v_{k+1}&\leqslant\eta\|\nabla F(X((k+1)\eta))-\nabla F(X(k\eta))-(\nabla F(x_{k+1})-\nabla F(x_k))\|+v_k\\&\leqslant v_k+\eta L(\|X((k+1)\eta)-x_{k+1}\|+\|X(k\eta)-x_k\|)\\&\leqslant v_k+\eta L(u_{k+1}+u_k)\\&\leqslant v_k+\eta L(\eta T_{k+1}+\eta T_k)\\&=\eta L(1-\eta^2L)v_k+2\eta^2LT_{k+1}\end{aligned} \tag{3-77}$$

对（3-77）关于 k 进行归纳计算可得：

$$v_{k+1}\leqslant\eta(1+\eta L)^k \tag{3-78}$$

$$T_k\leqslant\eta(1+\eta L)\cdot\frac{(1+\eta L)^k-1}{\eta^2L}=\frac{1+\eta L}{L}((1+\eta L)^k-1) \tag{3-79}$$

对任意给定的时间 $T>0$，以及 $k\leqslant\frac{T}{\eta}$，可得如下极限：

$$\lim_{\eta\to0}\max_{0\leqslant k\leqslant\frac{T}{\eta}}T_k\leqslant\frac{1}{L}(e^{TL}-1)\leqslant\frac{e^{TL}}{L} \tag{3-80}$$

综上所述：

$$\lim_{\eta\to0}\max_{0\leqslant k\leqslant\frac{T}{\eta}}u_k\leqslant\lim_{\eta\to0}\max_{0\leqslant k\leqslant\frac{T}{\eta}}\eta T_k=0 \tag{3-81}$$

此即定理中的结论。证毕。

上述定理严格地保证了微分方程与加速分布式优化算法之间关系推导的有效性，下面介绍通过微分方程离散化提出新的加速算法及其收敛性分析。

3.3　算法 Sym-DGD 设计与分析

为了对前文中的微分方程运用显—隐式离散化策略得到一种新的优化算法，由于离散方法不需要用到函数 f 的二次连续可微的性质，因此本节考虑目标函数 $f \in S_{\mu, L}^{1}(\mathbb{R}^d)$ 时的情况，其中微分方程的初边值条件为 X_0 和 $X_1 = X_0 + \frac{h}{\eta}[((W - I_n) \otimes I_d) X_0 - \eta \nabla F(X_0)]$。

由（3-18）可得如下线性微分方程组：

$$\dot{X}(t) = Z(t) \tag{3-82}$$

$$\dot{Z}(t) = -D^{-1} A X(t) - D^{-1} B \dot{X}(t) - D^{-1} C \nabla^2 F(X(t)) \dot{X}(t) \tag{3-83}$$

定义 $X(t) = X(k\eta) \approx X_k$，根据辛离散格式可得离散算法如下：

$$\frac{X_{k+1} - X_k}{h} = Z_k \tag{3-84}$$

$$\frac{Z_{k+1} - Z_k}{h} = -D^{-1} A X_{k+1} - D^{-1} B Z_{k+1} - \frac{D^{-1} C (\nabla F(X_{k+1}) - \nabla F(X_k))}{h} \tag{3-85}$$

式中，$h > 0$ 是离散步长，整理可得辛格式分布式梯度下降算法 Sym-DGD：

$$X_{k+1} = X_k + h Z_k \tag{3-86}$$

$$\begin{aligned} Z_{k+1} = {} & Z_k - (I_{nd} + hD^{-1}B)^{-1} D^{-1} C (\nabla F(X_{k+1}) - \nabla F(X_k)) \\ & - h (I_{nd} + hD^{-1}B)^{-1} D^{-1} A X_{k+1} \end{aligned} \tag{3-87}$$

有如下收敛性定理成立。

定理 3.4

当假设 2.1、假设 2.2 和假设 2.4 成立时，如果步长 η 满足 $\eta \leqslant \frac{\gamma}{1+\gamma} \cdot \frac{\mu(1-\sigma)^4}{2L(1+\sigma^2)}$，那么存在 $\kappa = \frac{\mu h^2}{16 \eta^{2/3}} > 0$，使得当步长满足 $h \leqslant \frac{1}{4L}$ 时，由算法 Sym-DGD 得到的迭代序列 $\{X_k\}_{k=1}^{\infty}$，对任意 $k \geqslant 1$ 有如下不等式成立：

$$\|X_k - X^*\|^2 \leqslant \frac{4\eta^{3/2}}{\mu} \frac{V_0}{(1+\kappa)^k} \tag{3-88}$$

其中 $X^* = \mathbf{1}_n \otimes x^*$，$x^*$ 是问题（3.1）的最优值点。

证明

类似于（3-45）中 Lyapunov 函数的定义，考虑如下离散时间 Lyapunov 函数：

$$
\begin{aligned}
V_k = &\frac{1}{\eta^{3/2}}(F(X_k) - F(X^*) - \langle \nabla F(X^*), X_k - X^* \rangle) \\
&+ \frac{1}{2}\|D^{\frac{1}{2}}(Z_k + D^{-1}B(X_{k+1} - X^*) + D^{-1}C(\nabla F(X_k) - \nabla F(X^*)))\|^2 \\
&+ \frac{1}{2}\|DZ_k + (X_{k+1} - X^*) + C(\nabla F(X_k) - \nabla F(X^*))\|^2 \\
&+ \frac{1}{2}\|\widetilde{H}(X_k - X^*)\|^2 - \frac{1}{2}\|P(X_k - X^*)\|^2
\end{aligned}
\tag{3-89}
$$

其中 $\widetilde{H}^2 = hAB + hA + A + D^{-1}AB$，$P^2 = B + I_{nd}$。

首先根据 $F(\cdot)$ 是强凸的事实可得：

$$
\begin{aligned}
V_k = &\frac{\mu}{2\eta^{3/2}} \cdot \frac{1}{2}\|X_{k+} - X^*\|^2 + \frac{1}{2}\|\widetilde{H}(X_{k+1} - X^*)\|^2 - \frac{1}{2}\|P(X_{k+1} - X^*)\|^2 \\
&+ \frac{1}{2}\|D^{\frac{1}{2}}(Z_k + D^{-1}B(X_{k+1} - X^*) + D^{-1}C(\nabla F(X_k) - \nabla F(X^*)))\|^2 \\
&+ \frac{1}{2}\|DZ_k + (X_{k+1} - X^*) + C(\nabla F(X_k) - \nabla F(X^*))\|^2
\end{aligned}
\tag{3-90}
$$

易知当 $\eta \leqslant \frac{\mu}{2}$ 时，$\frac{1}{2\sqrt{2}}\frac{\mu}{2\eta^{3/2}} - \frac{1}{2} > 0$ 和 $\widetilde{H}^2 - B \geqslant \mathbf{0}_{nd\times nd}$ 是显然的。从而可得：

$$
V_k = \frac{\mu}{4\eta^{3/2}}\|X_{k+} - X^*\|^2 \tag{3-91}
$$

下面证明离散时间 Lyapunov 函数是单调递减且有界，为此只需证明存在 $\kappa>0$ 如下不等式成立：

$$
V_{k+1} - V_k \leqslant -\kappa V_k \tag{3-92}
$$

由离散时间 Lyapunov 函数的定义如（3-40）所示，可得：

$$
\begin{aligned}
V_{k+1} - V_k = &\frac{1}{\eta^{3/2}}(F(X_{k+1}) - F(X^*) - \langle \nabla F(X^*), X_{k+1} - X^* \rangle) \\
&- \frac{1}{\eta^{3/2}}(F(X_k) - F(X^*) - \langle \nabla F(X^*), X_k - X^* \rangle) \\
&+ \frac{1}{2}\|D^{\frac{1}{2}}(Z_{k+1} + D^{-1}B(X_{k+2} - X^*) + D^{-1}C(\nabla F(X_{k+1}) - \nabla F(X^*)))\|^2 \\
&- \frac{1}{2}\|D^{\frac{1}{2}}(Z_k + D^{-1}B(X_{k+1} - X^*) + D^{-1}C(\nabla F(X_k) - \nabla F(X^*)))\|^2
\end{aligned}
$$

$$+\frac{1}{2}\|DZ_{k+1}+(X_{k+2}-X^{*})+C(\nabla F(X_{k+1})-\nabla F(X^{*}))\|^{2}$$

$$-\frac{1}{2}\|DZ_{k}+(X_{k+1}-X^{*})+C(\nabla F(X_{k})-\nabla F(X^{*}))\|^{2}$$

$$+\frac{1}{2}(\|\widetilde{H}(X_{k+1}-X^{*})\|^{2}-\|P(X_{k+1}-X^{*})\|^{2})$$

$$-\frac{1}{2}(\|\widetilde{H}(X_{k}-X^{*})\|^{2}-\frac{1}{2}\|P(X_{k}-X^{*})\|^{2}) \tag{3-93}$$

对于式（3-93）中的第 1、2 项，根据函数 $F(\cdot)$ 的强凸性可得：

$$\frac{1}{\eta^{3/2}}(F(X_{k+1})-F(X^{*})-\langle\nabla F(X^{*}),\ X_{k+1}-X^{*}\rangle)$$

$$-\frac{1}{\eta^{3/2}}(F(X_{k})-F(X^{*})-\langle\nabla F(X^{*}),\ X_{k}-X^{*}\rangle)$$

$$\leqslant\frac{1}{\eta^{3/2}}(F(X_{k+1})-F(X_{k})-\langle\nabla F(X^{*}),\ X_{k+1}-X_{k}\rangle)-\frac{\mu}{2\eta^{3/2}}\|X_{k+1}-X_{k}\|^{2}$$

$$\leqslant\frac{1}{\eta^{3/2}}\langle F(X_{k+1})-F(X_{k}),\ X_{k+1}-X_{k}\rangle-\frac{\mu}{2\eta^{3/2}}\|X_{k+1}-X_{k}\|^{2} \tag{3-94}$$

对于式（3-94）中的第 3、4 项，根据恒等式 $\|a\|^2-\|b\|^2=2\langle a-b,a\rangle+\|a-b\|^2$，由算法 Sym-DGD 可得：

$$\frac{1}{2}\|D^{\frac{1}{2}}\{Z_{k+1}+D^{-1}B(X_{k+2}-X^{*})+D^{-1}C[\nabla F(X_{k+1})-\nabla F(X^{*})]\}\|^{2}$$

$$-\frac{1}{2}\|D^{\frac{1}{2}}\{Z_{k}+D^{-1}B(X_{k+1}-X^{*})+D^{-1}C[\nabla F(X_{k})-\nabla F(X^{*})]\}\|^{2}$$

$$=\left\langle D^{\frac{1}{2}}\{Z_{k+1}+D^{-1}B(X_{k+1}-X^{*})+hD^{-1}BZ_{k+1}+D^{-1}C[\nabla F(X_{k+1})-\nabla F(X^{*})]\},\right.$$

$$\left.-hD^{-\frac{1}{2}}AX_{k+1}\right\rangle-\frac{h^{2}}{2}\|D^{-\frac{1}{2}}AX_{k+1}\|^{2}$$

$$=-h\langle AX_{k+1},\ Z_{k+1}\rangle-h\langle AX_{k+1},\ D^{-1}BZ_{k+1}\rangle-h\langle AX_{k+1},\ D^{-1}B(X_{k+1}-X^{*})\rangle$$

$$-h\langle AX_{k+1},\ D^{-1}C(\nabla F(X_{k+1})-\nabla F(X^{*}))\rangle-\frac{h^{2}}{2}\|D^{-\frac{1}{2}}AX_{k+1}\|^{2} \tag{3-95}$$

对于式（3-93）中的第 5、6 项，由算法 Sym-DGD 迭代式可得：

$$\frac{1}{2}\|DZ_{k+1}+(X_{k+2}-X^{*})+C(\nabla F(X_{k+1})-\nabla F(X^{*}))\|^{2}$$

$$-\frac{1}{2}\|DZ_{k}+(X_{k+1}-X^{*})+C(\nabla F(X_{k})-\nabla F(X^{*}))\|^{2}$$

$$
\begin{aligned}
&= \langle DZ_{k+1} - (X_{k+1} - X^*) - hZ_{k+1} + C(\nabla F(X_k) - \nabla F(X^*)), \\
&\quad h(AX_{k+1} + BZ_{k+1} + Z_{k+1}) \rangle - \frac{h^2}{2} \| AX_{k+1} + BZ_{k+1} + Z_{k+1} \|^2 \\
&= - h\langle AX_{k+1}, (D - hI)Z_{k+1} \rangle - h\langle AX_{k+1}, C(\nabla F(X_k) - \nabla F(X^*)) \rangle \\
&\quad + h\langle AX_{k+1}, X_{k+1} - X^* \rangle - h\langle (B + I)Z_{k+1}, (D - hI)Z_{k+1} \rangle \\
&\quad + h\langle (B + I)Z_{k+1}, X_{k+1} - X^* \rangle - h\langle (B + I)Z_{k+1}, C(\nabla F(X_k) - \nabla F(X^*)) \rangle \\
&\quad - \frac{h^2}{2}\|AX_{k+1}\|^2 - \frac{h^2}{2}\|BZ_{k+1}\|^2 - \frac{h^2}{2}\|Z_{k+1}\|^2 - h^2\langle AX_{k+1}, BZ_{k+1} \rangle \\
&\quad - h^2\langle AX_{k+1}, Z_{k+1} \rangle - h^2\langle Z_{k+1}, BZ_{k+1} \rangle
\end{aligned} \tag{3-96}
$$

对于（3-93）中的第 7、8 项可得：

$$
\begin{aligned}
&\frac{1}{2}\|\widetilde{H}(X_{k+2} - X^*)\|^2 - \frac{1}{2}\|\widetilde{H}(X_{k+1} - X^*)\|^2 \\
&- \frac{1}{2}\|P(X_{k+2} - X^*)\|^2 + \frac{1}{2}\|P(X_{k+1} - X^*)\|^2 \\
&= \langle \widetilde{H}(X_{k+2} - X_{k+1}), \widetilde{H}X_{k+2} \rangle - \frac{1}{2}\|\widetilde{H}(X_{k+2} - X_{k+1})\|^2 + \frac{1}{2}\|P(X_{k+2} - X_{k+1})\|^2 \\
&\quad - \langle P(X_{k+2} - X_{k+1}), PX_{k+2} \rangle \\
&= \langle h\widetilde{H}Z_{k+1}, \widetilde{H}X_{k+2} \rangle - \frac{h^2}{2}\|\widetilde{H}Z_{k+1}\|^2 - \langle hPZ_{k+1}, PX_{k+2} \rangle + \frac{h^2}{2}\|PZ_{k+1}\|^2 \\
&= \langle h\widetilde{H}Z_{k+1}, \widetilde{H}X_{k+1} \rangle + h^2\|\widetilde{H}Z_{k+1}\|^2 - \frac{h^2}{2}\|\widetilde{H}Z_{k+1}\|^2 \\
&\quad - \langle hPZ_{k+1}, PX_{k+2} \rangle - h^2\|PZ_{k+1}\|^2 + \frac{h^2}{2}\|PZ_{k+1}\|^2 \\
&= \langle h\widetilde{H}Z_{k+1}, \widetilde{H}X_{k+1} \rangle + \frac{h^2}{2}\|\widetilde{H}Z_{k+1}\|^2 - \langle hPZ_{k+1}, PX_{k+1} \rangle - \frac{h^2}{2}\|PZ_{k+1}\|^2
\end{aligned} \tag{3-97}
$$

其中，$\widetilde{H}^2 = hAB + hA + A + D^{-1}AB$ 和 $P^2 = B + I_{nd}$。

综上所述，依次将（3-94）~（3-97）代入（3-93），整理可得：

$$
\begin{aligned}
&V_{k+1} - V_k \\
&\leqslant \frac{1}{\eta^{3/2}}\langle F(X_{k+1}) - F(X_k), X_{k+1} - X_k \rangle - \frac{\mu}{2\eta^{3/2}}\|X_{k+1} - X_k\|^2 - h\langle AX_{k+1}, Z_{k+1} \rangle \\
&\quad - h\langle AX_{k+1}, D^{-1}BZ_{k+1} \rangle - h\langle AX_{k+1}, D^{-1}B(X_{k+1} - X^*) \rangle \\
&\quad - h\langle AX_{k+1}, D^{-1}C(\nabla F(X_{k+1}) - \nabla F(X^*)) \rangle - \frac{h^2}{2}\|D^{-\frac{1}{2}}AX_{k+1}\|^2 \\
&\quad - h\langle AX_{k+1}, (D - hI)Z_{k+1} \rangle - \langle hAX_{k+1}, C(\nabla F(X_k) - \nabla F(X^*)) \rangle
\end{aligned}
$$

$$
\begin{aligned}
&+h\langle AX_{k+1}, X_{k+1}-X^*\rangle - h\langle (B+I)Z_{k+1}, (D-hI)Z_{k+1}\rangle \\
&+h\langle (B+I)Z_{k+1}, X_{k+1}-X^*\rangle - h\langle (B+I)Z_{k+1}, C(\nabla F(X_k)-\nabla F(X^*))\rangle \\
&-\frac{h^2}{2}\|AX_{k+1}\|^2 - \frac{h^2}{2}\|BZ_{k+1}\|^2 - \frac{h^2}{2}\|Z_{k+1}\|^2 - h^2\langle AX_{k+1}, BZ_{k+1}\rangle \\
&-h^2\langle AX_{k+1}, Z_{k+1}\rangle - h^2\langle Z_{k+1}, BZ_{k+1}\rangle + \langle h\widetilde{H}Z_{k+1}, \widetilde{H}X_{k+1}\rangle \\
&+\frac{h^2}{2}\|\widetilde{H}Z_{k+1}\|^2 - \langle hPZ_{k+1}, PX_{k+1}\rangle - \frac{h^2}{2}\|PZ_{k+1}\|^2 \\
\leqslant\ & \frac{1}{2\eta^{3/2}}\left(\frac{1}{\eta^{1/4}}\|\nabla F(X_{k+1})-\nabla F(X^*)\|^2 + \eta^{1/4}\|X_{k+1}-X_k\|^2\right) \\
&-\frac{1}{2\eta^{3/2}}\|Z_{k+1}\|^2 - h\langle AX_{k+1}, D^{-1}B(X_{k+1}-X^*)\rangle \\
&+h\|D^{-1}CAX_{k+1}\|\|\nabla F(X_{k+1})-\nabla F(X^*)\| - \frac{h^2}{2}\|D^{-\frac{1}{2}}AX_{k+1}\|^2 \\
&+h\langle AX_{k+1}, X_{k+1}-X^*\rangle - h\langle (B+I_{nd})Z_{k+1}, DZ_{k+1}\rangle \\
&-h\|CAX_{k+1}\|\|\nabla F(X_{k+1})-\nabla F(X^*)\| + \frac{h}{2\eta^2}\|C(\nabla F(X_k)-\nabla F(X^*))\|^2 \\
&+\frac{h\eta^2}{2}\|(B+I_{nd})Z_{k+1}\|^2 - \frac{h^2}{2}\|AX_{k+1}\|^2 - \frac{h^2}{2}\|BZ_{k+1}\|^2 \\
&-\frac{h^2}{2}\langle Z_{k+1}, BZ_{k+1}\rangle + \frac{h^2}{2}\|\widetilde{H}Z_{k+1}\|^2
\end{aligned}
\tag{3-98}
$$

其中，第二个不等号的成立用到了均值不等式。

不失一般性，假设 X_{k+1} 的正交分解为$X_{k+1}=U_{k+1}+V_{k+1}$ 且$\|X_{k+1}-X^*\|>0$，由（3-35）的推导可知，存在 $\gamma\in(0, 1]$ 使得如下不等式成立：

$$
\|X_{k+1}-X^*\|^2_{(I_n-W)\otimes I_d} \geqslant \frac{\gamma(1-\sigma)}{1+\gamma}\|X_k-X^*\|^2 \tag{3-99}
$$

根据函数 $F(\cdot)$ 的 L-Lipschitz 连续的事实可得：

$$
\begin{aligned}
&V_{k+1}-V_k \\
\leqslant\ & \frac{L^2}{2\eta^{7/4}}\|X_{k+1}-X^*\|^2 + \frac{h^2}{2\eta^{5/4}}\|Z_{k+1}\|^2 - \frac{\mu h^2}{2\eta^{3/2}}\|Z_{k+1}\|^2 \\
&-\frac{\gamma}{1+\gamma}\frac{4h(1-\sigma^2)(1-\sigma)^2}{\eta(1+\sigma^2)}\|X_{k+1}-X^*\|^2 + \frac{4hL(1-\sigma)^2}{\eta(1+\sigma^2)}\|X_{k+1}-X^*\|^2 \\
&-\frac{h^2}{2}\frac{\gamma}{1+\gamma}\cdot\frac{2(1-\sigma)^4}{\eta^2(1+\sigma^2)}\|X_{k+1}-X^*\|^2 + 2h(1-\sigma)^2\|X_{k+1}-X^*\|^2 \\
&-4hL\eta^2(1-\sigma)^2\|X_{k+1}-X^*\|^2 - h\langle Z_{k+1}, BDZ_{k+1}\rangle - h\langle Z_{k+1}, DZ_{k+1}\rangle
\end{aligned}
$$

$$+\frac{h\eta^2}{2}\|(B+I_{nd})Z_{k+1}\|^2+\frac{4hL^2\eta^4}{2\eta^2}\|X_{k+1}-X^*\|^2\frac{h^2}{2}\|AX_{k+1}\|^2-\frac{h^2}{2}\|BZ_{k+1}\|^2$$

$$-\frac{h^2}{2}\langle Z_{k+1},\ BZ_{k+1}\rangle+\frac{h^2}{2}\|\widetilde{H}Z_{k+1}\|^2$$

$$\leqslant-\frac{\mu h^2}{8\eta^{3/2}}\|Z_{k+1}\|^2-\frac{h^2}{2}\frac{\gamma}{1+\gamma}\cdot\frac{2(1-\sigma)^4}{\eta^2(1+\sigma^2)}\|X_{k+1}-X^*\|^2 \tag{3-100}$$

其中，第二个不等式用到了条件 $h\leqslant\frac{1}{L}$，以及关于离散时间算法的约束 $\eta\leqslant\frac{\gamma}{1+\gamma}\cdot\frac{(1-\sigma)^4}{2L(1+\sigma^2)}$。记 $\alpha_1=\frac{\mu h^2}{8\eta^{3/2}}$ 和 $\beta_1=\frac{\gamma}{1+\gamma}\cdot\frac{h^2(1-\sigma)^4}{\eta^2(1+\sigma^2)}$，根据函数是 L-Lipschitz 光滑的事实可得：

$$V_{k+1}-V_k$$

$$\leqslant-\frac{\mu h^2}{8\eta^{\frac{3}{2}}}\|Z_{k+1}\|^2-\frac{h^2}{2}\frac{\gamma}{1+\gamma}\cdot\frac{2(1-\sigma)^4}{\eta^2(1+\sigma^2)}\|X_{k+1}-X^*\|^2$$

$$\leqslant-\kappa_{01}\cdot\frac{L}{2}\|X_{k+1}-X^*\|^2-\frac{3}{2}(\kappa_1\cdot 2\eta^2\|Z_{k+1}\|^2+(4\kappa_{11}+4L^2\kappa_{12})\|X_{k+1}-X^*\|^2)$$

$$-\frac{3}{2}(\kappa_2\cdot 4\eta^4\|Z_{k+1}\|^2+(\kappa_{21}+4\eta^4\kappa_{22})\|X_{k+1}-X^*\|^2)$$

$$-\left(\kappa_{31}\cdot 6(1+\sigma^2)+\kappa_{32}\cdot\frac{\eta}{2(1+\sigma^2)}\right)\|X_{k+1}-X^*\|^2$$

$$=-\kappa_{01}\cdot\frac{L}{2}\|X_{k+1}-X^*\|^2$$

$$-\min\{\kappa_1,\ \kappa_{11},\ \kappa_{12}\}\cdot\frac{3}{2}(2\eta^2\|Z_{k+1}\|^2+4\|X_{k+1}-X^*\|^2+4L^2\|X_{k+1}-X^*\|^2)$$

$$-\min\{\kappa_2,\ \kappa_{21},\ \kappa_{22}\}\cdot\frac{3}{2}(4\eta^4\|Z_{k+1}\|^2+\|X_{k+1}-X^*\|^2+4\eta^4L^2\|X_{k+1}-X^*\|^2)$$

$$-\min\{\kappa_{31},\ \kappa_{32}\}\cdot\left(6(1+\sigma^2)+\frac{\eta}{2(1+\sigma^2)}\right)\|X_{k+1}-X^*\|^2$$

$$=-\kappa_{01}(F(X_{k+1})-F(X^*)-\langle\nabla F(X^*),\ X_{k+1}-X^*\rangle)$$

$$-\min\{\kappa_1,\ \kappa_{11},\ \kappa_{12}\}\cdot\|D^{\frac{1}{2}}(Z_k+D^{-1}B(X_{k+1}-X^*)+D^{-1}C(\nabla F(X_k)-\nabla F(X^*)))\|^2$$

$$-\min\{\kappa_2,\ \kappa_{21},\ \kappa_{22}\}\cdot\|DZ_k+(X_{k+1}-X^*)+C(\nabla F(X_k)-\nabla F(X^*))\|^2$$

$$-\min\{\kappa_{31},\ \kappa_{32}\}\cdot\frac{1}{2}\langle\widetilde{H}(X_k-X^*),\ X_k-X^*\rangle \tag{3-101}$$

式中：$\kappa_1=\dfrac{\alpha_1}{2}$，$\kappa_2=\dfrac{\alpha_1}{4\eta^2}$，$\kappa_{01}=\dfrac{\beta_1 L}{2}$，$\kappa_{11}=\dfrac{\beta_1}{32}$，$\kappa_{12}=\dfrac{\beta_1}{32L^2}$，$\kappa_{21}=\dfrac{\beta_1}{8}$，$\kappa_{22}=\dfrac{\beta_1}{32\eta^4 L^2}$，

$\kappa_{31}=\dfrac{\beta_1}{16(1+\sigma^2)}$，$\kappa_{32}=\dfrac{\beta_1}{8(1+\sigma^2)}$。定义记号：

$$\kappa=\min\{\kappa_{01},\ \min\{\kappa_1,\ \kappa_{11},\ \kappa_{12}\},\ \min\{\kappa_2,\ \kappa_{21},\ \kappa_{22}\},\ \min\{\kappa_{31},\ \kappa_{32}\}\}>0 \tag{3-102}$$

所以可得：

$$V_{k+1}-V_k\leqslant-\kappa V_{k+1}-\frac{1}{2}\|P(X_{k+1}-X^*)\|^2 \tag{3-103}$$

移项整理可得：

$$V_{k+1}\leqslant\frac{V_{k+1}}{1+\kappa}\leqslant\frac{V_0}{(1+\kappa)^{k+1}} \tag{3-104}$$

最后，由 Lyapunov 函数的定义式（3-89）可得：

$$\|X_{k+1}-X^*\|^2\leqslant\frac{4\eta^{3/2}}{\mu}\frac{V_0}{(1+\kappa)^{k+1}} \tag{3-105}$$

当 η 满足 $\eta\leqslant\dfrac{\gamma}{1+\gamma}\cdot\dfrac{\mu(1-\sigma)^4}{2L(1+\sigma^2)}$ 时，可得：$\kappa=\dfrac{\alpha_1}{2}=\dfrac{\mu h^2}{16\eta^{2/3}}$。证毕。

3.4 算法实现与分析

本节通过数值实验对前文中的理论结果进行验证，考虑 $n=6$ 节点的连通图为使用连通概率为 0.3 的 Erdos-Renyi 模型［100］，并且权重矩阵 W 采用 Laplacian 方法[44]，具体地 $W=I_n-\dfrac{1}{\max\limits_{i=1,\cdots,n} d_i+1}L$，其中 d_i 是节点 i 的度，$L=[L_{ij}]$ 是满足当 $(i,j)\in\varepsilon$ 时，$L_{ij}=-1$，$L_{ii}=d_i$ 以及当节点 i 与 j 不连通时 $L_{ij}=0$ 的图的 Laplacian 算子，当 $n=6$ 节点的连通拓扑结构如图 3-1 所示，易知其满足假设 2.4。分布式优化的目标是求解如下优化问题：

$$\min_{x\in\mathbb{R}^d} f(x)=\sum_{i=1}^{n} f_i(x) \tag{3-106}$$

式中：局部函数 $f_i(x)$ 为逻辑回归损失函数，

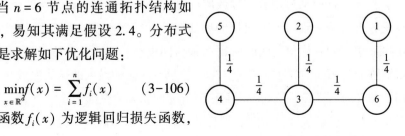

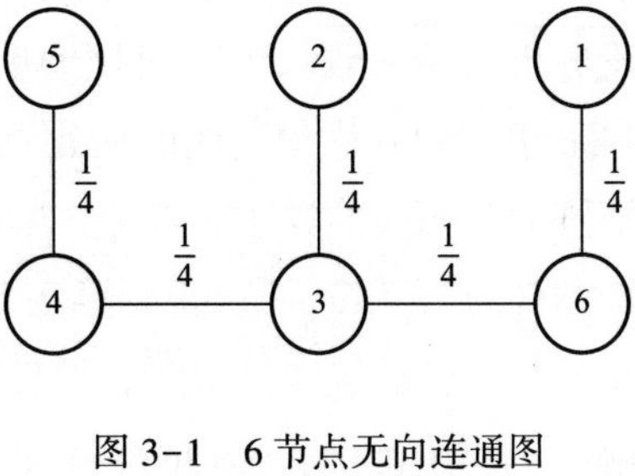

图 3-1　6 节点无向连通图

即$f_i(x)=(\log(1+e^{b_i\langle M_i,\ x\rangle})-b_i\langle M_i,\ x\rangle)+\frac{l}{2}\|x\|^2$，这里$l=10$，其中$M_i\in\mathbb{R}^d(d=2)$为样本特征$b_i\in\{0,\ 1\}$，$i=1,\ \cdots,\ 6$是样本标签，并且$\{(M_i,\ b_i)\}$是节点$i$上的所有数据样本。注意到这里系数矩阵$M$是随机生成的均值为0方差为1的标准正态分布的随机矩阵，局部目标函数都是光滑且强凸的，从而可知全局目标函数满足假设2.3，因此可以用来测试算法Sym-DGD有效性。此外，问题（3-106）有唯一解$x^*=[0.0505;\ 0.1310]$，分布式优化算法的目标是通过各节点自身更新以及邻居节点之间的信息通信估计全局变量x^*。首先，考虑当步长$\eta_1=0.01$时，根据离散时刻与连续时间之间的关系$k=t/\eta$可得，当迭代次数$N=100$时，连续时间区间大小为$T_1=N*\eta_1=1$，因此考虑连续时间区间$[0,\ T_1]$上常微分方程式（3-18）解的曲线轨迹。根据Laplacian算子所得到的权重矩阵W，计算得到式（3-18）中系数矩阵A、B和D。注意到式（3-106）等价问题为如下形式：

$$\min_{x\in\mathbb{R}^{nd}}F(x)=\sum_{i=1}^{n}f_i(x_i)=\sum_{i=1}^{n}(\log(1+e^{b_i\langle M_i,\ x\rangle})-b_i\langle M_i,\ x\rangle)+\frac{l}{2}\|x\|^2 \tag{3-107}$$

易知$F(x)$在$\mathbb{R}^{nd}$上是高阶连续可微函数，计算其二阶导数Hessian得到$\nabla^2F(x)$。由此可得对应的微分方程式（3-18），将其改写为如式（3-38）所示的一阶微分方程，其中初值条件为$X(0)=\mathrm{x}_0\in\mathbb{R}^{nd}$、$\mathrm{s}_0=F(\mathrm{x}_0)$以及$\dot{X}(0)=\frac{1}{\eta_1}[((W-I_n)\otimes I_d)\mathrm{x}_0-\eta\mathrm{s}_0]$。采用MATLAB中的求解器ode45，选择求解器中离散步长$h=\sqrt{\eta_1}$，对所得一阶微分方程进行数值求解可得微分方程的数值解曲线如图3-2所示，其中图（a）为微分方程（3-18）解的轨迹曲线，也即优化问题中各节点状态变量$X_i(t)$，一致且平滑地向稳定点移动，$X_i(t)$，$i=1,\ \cdots,\ 6$都收敛于最小值$x^*=[0.0505;\ 0.1310]$。根据Lyapunov分析可知微分方程（3-18）是收敛的，因此当状态变量$X_i(t)$趋于稳定时，可知$\dot{X}_i(t)$趋于$[0,\ 0]$，正如图3-2（b）所示，此时通过微分方程数值计算所得的各变量$\dot{X}_i(t)$收敛于$[0,\ 0]$，与理论分析结果一致。为了对比说明通过数值求解微分方程的鲁棒性，考虑算法DIGing求解同一优化问题时所得结果。同样地，在算法DIGing中选择相同的权重矩阵W、相同的算法步长$\eta_1=0.01$，以及算法的最大的迭代次数为$N=100$，在初始条件为x_0和s_0下，得到算法DIGing的状态演变如图3-3所示，其中图（a）呈现的是当步长选取恰当时，局部状态估计量$x_{i,\ k}$的演变过程，分别都收敛于精确解$x^*=[0.0505;\ 0.1263]$，如图3-3（a）所示。类似地，如图3-3（b）所示展示了所有的平均梯度估计量 $s_{i,k}$ 收敛于平均梯度在最优值点处的值 [0, 0]。

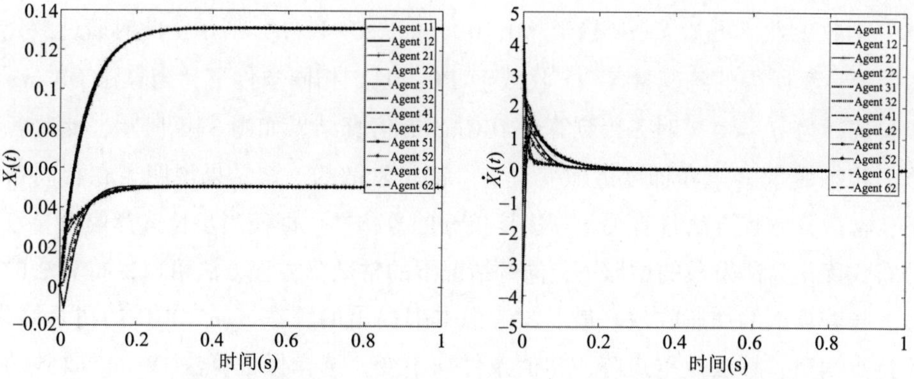

(a) $X_i(t)$演化过程　　(b) $\dot{X}_i(t)$演化过程

图 3-2　小步长时常微分方程式（3-18）仿真结果

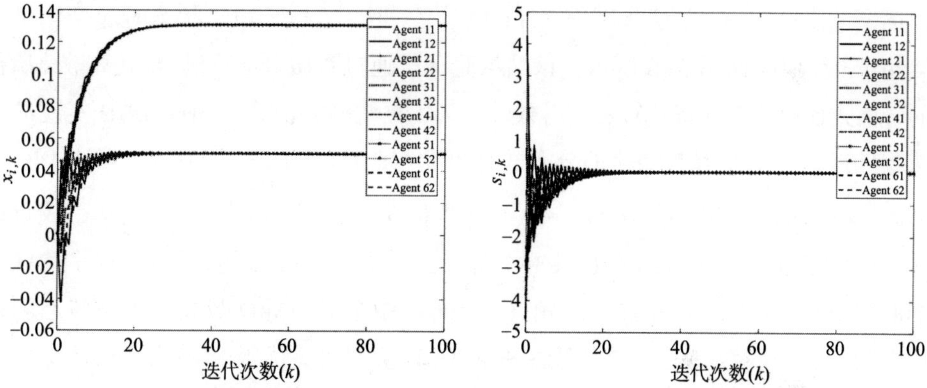

(a) $x_{i,k}$演化过程　　(b) $s_{i,k}$演化过程

图 3-3　小步长时算法 DIGing 仿真结果

特别地，根据离散时间算法关于步长的约束条件可知，当步长选取超出算法收敛范围时，无法确定算法的收敛性，但是当步长作为微分方程中的参数时，将有效克服这一缺陷，如定理 3.2 当步长满足约束条件时微分方程是收敛的，从而可以通过经典的数值方法对其进行求解，并最终得到优化问题的解。为了验证这一性质，考虑当 $\eta_2=0.1$ 时，此时对应的常微分方程以及时间区间 $[0, T_2]$，其中 $T_2=N*\eta_2=10$，考虑在相同的初值条件 $X(0)$ 和 $\dot{X}(0)$ 下，采用 MATLAB 中的求解器 ode45，选择求解器中离散步长 $h=\eta_2$，对所得一阶微分方程进行数值求解可得微分方程的数值解曲线如图 3-4 所示，其中图（a）为微分方程式（3-18）

解的轨迹曲线，即优化问题中各节点状态变量 $X_i(t)$，仍保持一致且平滑地向稳定点移动，$X_i(t)$ 收敛于最小值 $x^* = [0.0505; 0.1310]$。当根据微分方程（3-18）的收敛性，可知 $\dot{X}_i(t)$ 趋于［0，0］，如图 3-4（b）所示，此时通过微分方程数值计算所得的各变量 $\dot{X}_i(t)$ 收敛于［0，0］。相同条件下，当算法 DIGing 中步长选择为 $\eta_2 = 0.1$ 时，得到算法 DIGing 的仿真结果如图 3-5 所示，此时各节点的状态变量 $x_{i,k}$ 和梯度近似变量 $s_{i,k}$ 都是发散的。该结果说明了在相同条件下，常微分方程方法具有关于算法步长 η 的鲁棒性。即使当步长选择偏大导致原分布式优化算法发散的情形下，同等情况下的常微分方程方法可以保持算法的收敛意味着算法的加速收敛。最后，考虑本书提出的算法 Sym-DGD 的仿真结果，保持数据集、算法权重矩阵、初值条件均不变，选择保证算法 DIGing 收敛的步长 $\eta=0.01$，在此步长下选择算法 Sym-DGD 中的离散步长 $h=\sqrt{\eta}$，迭代次数 $N=200$ 时，得到算法 Sym-DGD 状态变量 $x_{i,k}$ 收敛一致收敛于优化问题（3-106）的最优值点 $x^* = [-0.0508, 0.1263]$，以及一阶微分估计量 $z_{i,k}$ 随着迭代次数的增加逐渐趋于［0，0］，这是因为 $Z(t)=\dot{X}(t)$，当 $x_{i,k}$ 趋于稳定状态时起变化量自然趋于 0，因此如图 3-6 所示，该结果验证了通过对微分方程显-隐式离散化所得的辛格式加速分布式优化算法的有效性。为了更清晰验证算法 Sym-DGD 实现的加速收敛性，考虑将其与经典的分布式梯度法 DGD（步长 $\eta=0.01$）、算法 DIGing（步长 $\eta=0.01$），其中算法 Sym-DGD（步长 $h=\sqrt{\eta}$），在相同的数据集、权重矩阵、初值条件下，所得结果如图 3-7 所示，其中图（a）说明了各节点平均状态的演变过程，图（b）是优化问题（3-106）中全局目标函数关于平均状态随迭代次数的收敛曲线，可以看出算法 Sym-DGD 确实明显优于 DGD 和 DIGing。

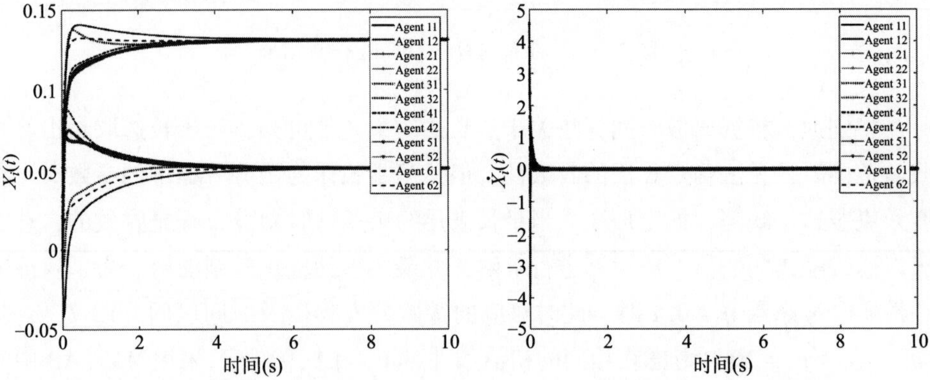

(a) $X_i(t)$演化过程　　(b) $\dot{X}_i(t)$演化过程

图 3-4　大步长时常微分方程式（3-18）仿真结果

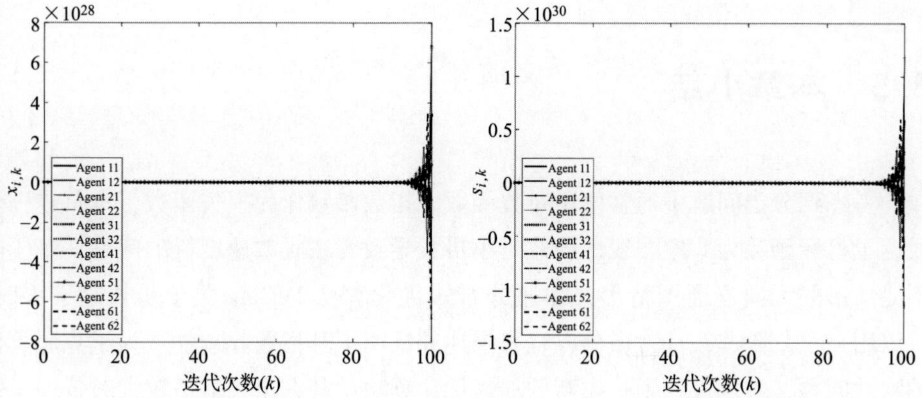

(a) $x_{i,k}$演化过程 (b) $s_{i,k}$演化过程

图 3-5 大步长时算法 DIGing 仿真结果

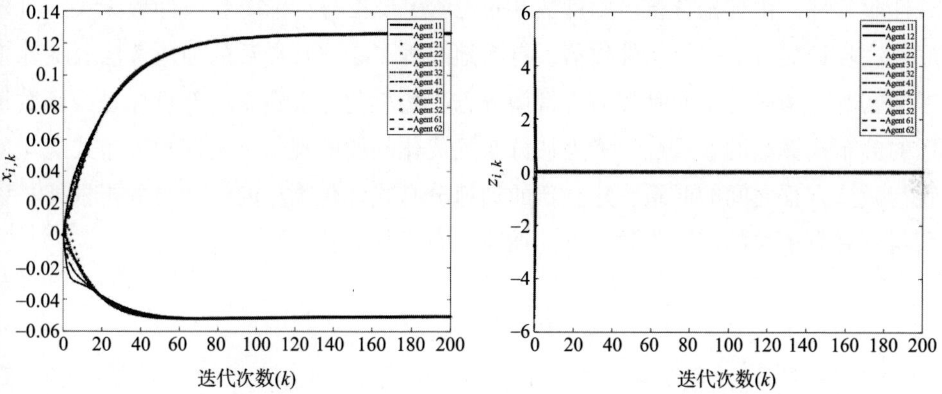

(a) $x_{i,k}$演化过程 (b) $z_{i,k}$演化过程

图 3-6 算法 Sym-DGD 仿真结果

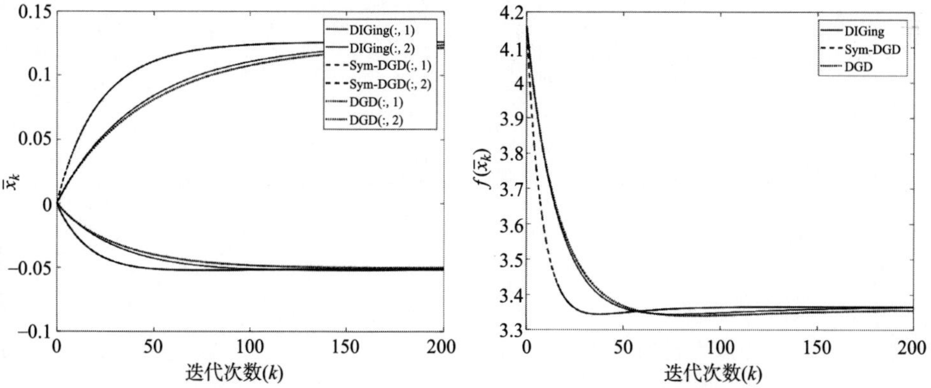

(a) 平均状态变量$\bar{x}_k$演化过程 (b) 全局目标函数$f(\bar{x}_k)$演化过程

图 3-7 算法 Sym-DGD，算法 DIGing，分布式梯度法（DGD）的仿真结果

3.5 本章小结

考虑到分类问题中通常使用对数函数、指数函数作为损失函数，本章进一步讨论了目标函数为一般非线性函数时小步长导致算法收敛速度慢的问题，基于时不变情形的无向连通图情形，加速分布式优化算法 DIGing 关于步长趋于零时，可以用一个二阶非线性常微分方程来描述并证明了其指数收敛性。为了克服算法的刚性问题，本章设计了一类新的加速优化算法使其在步长取值较大时依旧是线性收敛的。具体地，运用显—隐式方法对常微分方程进行离散化，由此得到一种辛格式加速分布式优化算法 Sym-DGD 并运用离散时间 Lyapunov 稳定性证明了其线性收敛性。由理论分析可知算法 Sym-DGD 步长与目标函数条件数无关，且较原算法步长提升了一个条件数倍，有效地改善了小步长导致的加速算法收敛速度慢的问题。未来的工作是如何将常微分方程离散化方法建立局部目标是凸函数情形的分布式算法的收敛性，考虑从分布式优化问题的视角出发探索分布式优化问题与微分方程之间的联系，建立新的加速分布式优化算法的设计与分析框架，以期得到具有更快的高阶收敛速度的加速分布式优化算法。

第4章 校正加速分布式优化算法

在前面的章节中，主要讨论了通过计算加速分布式优化算法关于步长趋于零时的极限，由此建立了微分方程与分布式优化算法之间的联系，为算法收敛性分析提供了新的思路。同时，通过对微分方程的离散化分别得到了新的加速分布式优化算法 Im-DGD 和 Sym-DGD。由第 2 章和第 3 章中分析可知，尽管算法 Im-DGD 和 Sym-DGD 克服了小步长导致的算法收敛速度慢的问题，但是在微分方程和算法中都存在原算法的步长的参数，因此仍然会受到原算法的影响，这是本章研究的出发点。本章将从分布式优化问题出发探索新的加速分布式优化算法的设计与分析，以克服由算法理论收敛速度局限性导致的算法收敛速度慢的问题。

在分布式优化问题中，当局部目标函数为光滑且强凸函数时，基于梯度的加速分布式优化算法实现了与同条件下加速集中式优化算法相同的最优收敛速度。然而，对于没有强凸性的分布式优化问题，现有加速算法优收敛速度为 $O(1/k^{1.4})$ (k 是算法迭代次数)，仍然很难实现集中式优化问题中 Nesterov 方法的最优速度 $O(1/k^2)$，那么是否可以通过一阶加速分布式方法实现？本章工作的贡献是一个肯定的答案，文献［88］中通过变分思想，借助于 Bregman-Lagrange 函数及其 Euler-Lagrange 方程得到了与优化问题等价的常微分方程。基于将最近发现的加速镜像下降方法［88］中扩展到分布式优化方法，文献［88］中讨论了集中式凸优化，而本章的重点是关于分布式凸优化的讨论。

本章将进一步运用变分方法讨论微分方程与加速分布式优化算法之间的联系。首先，运用矩阵诱导范数定义非 Euclidean 距离生成函数，通过 Bregman Lagrangian 泛函得到新的微分方程，其中系数是与分布式优化问题的权重矩阵相关的参数矩阵。其次，通过构造一个新的 Lyapunov 函数并分析其指数衰减，建立非线性常微分方程解的指数收敛性。最后，对所得到微分方程离散化，由此得到一种具有校正项的加速分布式优化算法，并证明光滑凸目标函数时加速分布式优化算法实现了最优的收敛速度 $O(1/k^2)$ (k 是迭代次数)，并通过数值仿真对理论结果进行验证。

4.1 问题描述

本章考虑第三章中的基于无向连通图的分布式优化问题（3-1）：

$$\min_{x \in \mathbb{R}^d} f(\mathrm{x}) = \sum_{i=1}^{n} f_i(\mathrm{x}) \tag{4-1}$$

这一节中保留第 2 章中关于图的连通性和权重矩阵是双随机的假设 2.4，另外，考虑关于目标函数的光滑性假设 2.1，那么全局目标函数 $f(\mathrm{x})$ 是 L-光滑的。假设 $f(x)$ 有唯一最小值点 $x^* \in \mathbb{R}^d$，满足一阶最优条件 $\nabla f(\mathrm{x}^*) = \mathbf{0}_d$。同样地，考虑其等价转换问题如下：

$$\min_{\mathrm{x} \in \mathbb{R}^{nd}} f(\mathrm{x}) = \sum_{i=1}^{n} f_i(\mathrm{x}_i) \tag{4-2}$$

当 x 的分量满足 $x_1 = x_2 = \cdots = x_n$ 时，则称 x 是一致的。

记向量的内积范数为 $\|\mathrm{x}\|^2 = \langle \mathrm{x}, \mathrm{x} \rangle$，考虑具备距离生成函数 $h: \mathbb{R}^{nd} \to \mathbb{R}$的非 Euclidean 空间 $\mathbb{R}^{nd}$，这里 h 是充分光滑的凸函数。通过函数 h 定义在 $\mathbb{R}^{nd}$ 上的如下 Bregman 散度来作为距离度量函数，对任意 $X, Y \in \mathbb{R}^{nd}$：

$$D_h(Y, X) = h(Y) - h(X) - \langle \nabla h(X), Y - X \rangle \tag{4-3}$$

根据 h 是凸函数可知，$D_h(\cdot, \cdot)$ 是非负的。

考虑如下距离生成函数：

$$h(X) = \frac{1}{2} X^T Q X \tag{4-4}$$

式中：$Q = \widetilde{Q} \otimes I_d$，$\widetilde{Q} \in \mathbb{R}^{n \times n}$ 是给定的正定矩阵。显然地，h 是 δ - 强凸的，δ 是矩阵$\widetilde{Q}$ 的最小特征值。因此，对任意 $X, Y \in \mathbb{R}^{nd}$，有如下不等式成立：

$$\begin{aligned} D_h(Y, X) &= \frac{1}{2} X^T Q X - \frac{1}{2} X^T Q X - \langle QX, Y - X \rangle \\ &= \frac{1}{2} (Y - X)^T Q (Y - X) \\ &\geqslant \frac{\delta}{2} \|(Y - X)\|^2 \end{aligned} \tag{4-5}$$

记离散时间序列为 X_k，其中整数 $k \geqslant 0$，连续时间曲线为 $X(t)$，$t \in \mathbb{R}$，关于时间的一阶导数记为 $\dot{X}(t) = \frac{\mathrm{d}}{\mathrm{d}t} X(t)$。为了书写方便，除非必要的情况下后文中常省略 $X(t)$ 和 $\dot{X}(t)$ 中的 t 直接写为 X 和 $\dot{X}$。另外，记 $V(t) = \dot{X}(t)$，则有

$\dot{V}(t)=\ddot{X}(t)$，同样简写为 $V=\dot{X}$、$\dot{V}=\ddot{X}$。

4.2　算法 CoAcc-DGD 设计与分析

考虑如下 Bregman Lagrangian 函数：

$$L(V,\ X,\ t)=e^{\alpha_t+\gamma_t}(D_h(X+e^{-\alpha_t}V,\ X)-e^{\beta_t}f(X)) \tag{4-6}$$

这是一个关于位置 $X\in\mathbb{R}^{nd}$，速度 $V\in\mathbb{R}^{nd}$ 和时间 $t\in T$ 的函数，其中 $T\subseteq\mathbb{R}$是给定某时间区间。α_t，β_t，γ_t：$T\rightarrow\mathbb{R}$是任意关于时间变量的任意光滑（连续可微）函数，分别决定了速度的权重、势函数和 Lagrangian 总阻尼。对于任意给定的 Lagrangian 函数 $L(V,\ X,\ t)$，通过对 Lagrangian 的积分定义在曲线 $\{X(t):\ t\in T\}$ 上的泛函 $J(X)=\int_T L(\dot{X}(t),\ X(t),\ t)\mathrm{d}t$。从变分学的角度来看，记 $V(t)=\dot{X}(t)$，曲线 $X(t)$ 使该泛函最小化的一个必要条件是满足如下 Euler-Lagrange 方程：

$$\frac{\mathrm{d}}{\mathrm{d}t}\left\{\frac{\partial L}{\partial V(t)}(V(t),X(t),t)\right\}=\frac{\partial L}{\partial X}(V(t),X(t),t) \tag{4-7}$$

具体地，Bregman Lagrangian 关于变量 X 和 V 的偏导数分别如下：

$$\frac{\partial L}{\partial V(t)}(V(t),X(t),t)=e^{\gamma_t}(\nabla h(X(t)+e^{-\alpha_t}V(t))-\nabla h(X(t))) \tag{4-8}$$

$$\begin{aligned}\frac{\partial L}{\partial X(t)}(V(t),X(t),t)=&e^{\alpha_t+\gamma_t}\nabla d(X(t)+e^{-\alpha_t}V(t))-e^{\gamma_t}\cdot\nabla^2 h(X(t))V(t)e^{\alpha_t+\gamma_t}\\&-\nabla h(X(t))-2e^{\alpha_t+\beta_t+\gamma_t}\nabla F(X(t))\end{aligned} \tag{4-9}$$

因此，对于一般情形下的 α_t、β_t 和γ_t，将（4-8）、（4-9）代入（4-7）可得 Bregman Lagrangian（4-6）的 Euler-Lagrange 方程（4-7）是如下的一个二阶微分方程：

$$\begin{aligned}&\ddot{X}(t)+(e^{\alpha_t}-\dot{\alpha}_t)\dot{X}(t)\\&+e^{\gamma_t}(\dot{\gamma}_t-e^{\alpha_t})[\nabla^2 h(X(t)+e^{-\alpha_t}V(t))]^{-1}\cdot(\nabla h(X(t)+e^{-\alpha_t}V(t))-\nabla h(X(t)))\\&+4e^{\alpha_t+\gamma_t}[\nabla^2 h(X(t)+e^{-\alpha_t}V(t))]^{-1}\cdot\nabla F(X(t))=\mathbf{0}_{nd}\end{aligned} \tag{4-10}$$

注意到 Hessian 矩阵 $\nabla^2 h(X(t)+e^{-\alpha_t}V(t))\equiv Q$，并且是可逆的，从而可得如下等式：

$$\ddot{X}(t)+(\dot{\gamma}_t-\dot{\alpha}_t)\dot{X}(t)+4e^{\alpha_t+\gamma_t}Q^{-1}\nabla F(X(t))+(e^{\alpha_t}-\dot{\alpha}_t)\dot{X}(t)=\mathbf{0}_{nd} \tag{4-11}$$

下面，采用 Lyapunov 函数方法，建立 Euler-Lagrange 方程解的收敛速度，记 $\mathrm{x}^*=\arg\min_{\mathrm{x}\in\mathbb{R}^{nd}}F(\mathrm{x})$，定义如下 Lyapunonv 函数：

$$\varepsilon(t)=D_h(\mathrm{x}^*,\ X(t)+e^{-\alpha_t}V(t))+D_h(\mathrm{x}^*,\ X(t)+e^{-\alpha_t}V(t))$$
$$+e^{\beta_t}(F(X(t))-F(\mathrm{x}^*)) \tag{4-12}$$

可以得到如下收敛性定理。

定理 4.1

选择任意参数函数 α_t、β_t 和 γ_t，当且仅当它们满足如下关系式时：

$$\dot{\gamma}_t=2e^{\alpha_t} \tag{4-13}$$

$$\dot{\beta}_t\leqslant e^{\alpha_t} \tag{4-14}$$

有 Euler–Lagrange 方程式（4–7）的解曲线 $X(t)$ 满足如下不等式：

$$F(X(t))-F(\mathrm{x}^*)\leqslant O(e^{-\beta_t}) \tag{4-15}$$

证明

根据 Lyapunonv 函数定义式（4–12），显然的 $\varepsilon(t)\geqslant 0$。下面证明 $\dot{\varepsilon}(t)\leqslant 0$。

对 Lyapunonv 函数 $\varepsilon(t)$ 关于时间求导数可得：

$$\dot{\varepsilon}(t)=-\left\langle\frac{\mathrm{d}}{\mathrm{d}t}\nabla h(X(t)+e^{-\alpha_t}V(t)),\ \mathrm{x}^*-X(t)-e^{-\alpha_t}V(t)\right\rangle$$
$$-\left\langle\frac{\mathrm{d}}{\mathrm{d}t}\nabla h(X(t)),\ \mathrm{x}^*-X(t)\right\rangle+e^{\beta_t}\langle\nabla F(X(t)),\ \dot{X}(t)\rangle \tag{4-16}$$
$$+\dot{\beta}_te^{\beta_t}(F(X(t))-F(\mathrm{x}^*))$$

根据距离生成函数 $h(\cdot)$ 的定义可得：

$$\frac{\mathrm{d}}{\mathrm{d}t}\nabla h(X(t)+e^{-\alpha_t}V(t))=\frac{\mathrm{d}}{\mathrm{d}t}Q(X(t)+e^{-\alpha_t}V(t))$$
$$=Q(\dot{X}(t)+e^{-\alpha_t}\ddot{X}(t)-\dot{\alpha}_te^{-\alpha_t}\dot{X}(t)) \tag{4-17}$$

进而由式（4–16）可得：

$$\dot{\varepsilon}(t)=-\left\langle\frac{\mathrm{d}}{\mathrm{d}t}\nabla h(X(t)+e^{-\alpha_t}\dot{X}(t)),\ \mathrm{x}^*-X(t)-e^{-\alpha_t}V(t)\right\rangle$$
$$-\left\langle\frac{\mathrm{d}}{\mathrm{d}t}\nabla h(X(t)),\ \mathrm{x}^*-X(t)\right\rangle+e^{\beta_t}\langle\nabla F(X(t)),\ \dot{X}(t)\rangle+\dot{\beta}_te^{\beta_t}(F(X(t))$$
$$-F(\mathrm{x}^*)) \tag{4-18}$$
$$=-\langle Q(\dot{X}(t)+e^{-\alpha_t}\ddot{X}(t)-\dot{\alpha}_te^{-\alpha_t}\dot{X}(t)),\ \mathrm{x}^*-X(t)-e^{-\alpha_t}V(t)\rangle$$
$$-\langle Q\dot{X}(t),\ \mathrm{x}^*-X(t)\rangle+e^{\beta_t}\langle\nabla F(X(t)),\ \dot{X}(t)\rangle+\dot{\beta}_te^{\beta_t}(F(X(t))-F(\mathrm{x}^*))$$

当 $X(t)$ 满足 Euler–Lagrange 方程式（4–19）时，则有：

$$\dot{\varepsilon}(t)=\langle e^{\alpha_t+\beta_t}\nabla F(X(t))+(e^{-\alpha_t}\dot{\gamma}_t-1)Q\dot{X}(t),\ \mathrm{x}^*-X(t)-e^{-\alpha_t}\dot{X}(t)\rangle$$
$$-\langle Q\dot{X}(t),\ \mathrm{x}^*-X(t)\rangle+e^{\beta_t}\langle\nabla F(X(t)),\ \dot{X}(t)\rangle+\dot{\beta}_te^{\beta_t}(F(X(t))-F(\mathrm{x}^*))$$

$$
\begin{aligned}
&= e^{\alpha_t+\beta_t}\langle \nabla F(X(t)),\ \mathrm{x}^* - X(t)\rangle + (e^{-\alpha_t}\dot{\gamma}_t - 1)\langle Q\dot{X}(t),\ \mathrm{x}^* - X(t)\rangle \\
&\quad - e^{-\alpha_t}(e^{-\alpha_t}\dot{\gamma}_t - 1)\langle Q\dot{X}(t),\ \dot{X}(t)\rangle - \langle Q\dot{X}(t),\ \mathrm{x}^* - X(t)\rangle \\
&\quad + \dot{\beta}_t e^{\beta_t}(F(X(t)) - F(\mathrm{x}^*)) - e^{\beta_t}\langle \nabla F(X(t)),\ \dot{X}(t)\rangle \\
&\quad + e^{\beta_t}\langle \nabla F(X(t)),\ \dot{X}(t)\rangle \\
&= -e^{\alpha_t+\beta_t}D_F(\mathrm{x}^*,\ X(t)) + (\dot{\beta}_t - e^{\alpha_t})(F(X(t)) - F(\mathrm{x}^*)) \\
&\quad + (e^{-\alpha_t}\dot{\gamma}_t - 2)\langle Q\dot{X}(t),\ \mathrm{x}^* - X(t)\rangle - e^{-\alpha_t}(e^{-\alpha_t}\dot{\gamma}_t - 1)\langle Q\dot{X}(t),\ \dot{X}(t)\rangle
\end{aligned} \tag{4-19}
$$

其中：

$$D_F(\mathrm{x}^*,\ X(t)) = F(\mathrm{x}^*) - F(X(t)) - \langle \nabla F(X(t)),\ \mathrm{x}^* - X(t)\rangle \tag{4-20}$$

是关于函数 $F(X)$ 的 Bregman 散度，注意到 $F(X)$ 是凸函数可得 $D_F(\mathrm{x}^*,\ X(t)) \geqslant 0$，因此 $\dot{\varepsilon}(t)$ 中的第一项非正。并且当条件式（4-12）成立时，可得其中第二项非正。当 α_t 和 β_t 满足等式（4-11）成立时，可知第三项等于零并且第四项是非正数。

综上所述可得：

$$\dot{\varepsilon}(t) \leqslant 0 \tag{4-21}$$

由根据不等式：

$$D_h(\mathrm{x}^*,\ X(t) + e^{-\alpha_t}\dot{X}(t)) \geqslant 0 \tag{4-22}$$

$$D_h(\mathrm{x}^*,\ X(t)) \geqslant 0 \tag{4-23}$$

可得，对任意 $t \geqslant t_0 \in T$：

$$e^{\beta_t}(F(X(t)) - F(\mathrm{x}^*)) \leqslant \varepsilon(t) \leqslant \varepsilon(t_0) \tag{4-24}$$

整理可得：

$$F(X(t)) - F(\mathrm{x}^*) \leqslant e^{-\beta_t}\varepsilon(t_0) = O(e^{-\beta_t}) \tag{4-25}$$

对任意给定 α_t，由（4-13）可以计算得到 γ_t。由（4-14）和（4-25）可知，当 $\dot{\beta}_t = e^{\alpha_t}$ 时，可以得到最优收敛速度 $O(e^{-\beta_t}) = O\left(e^{-\int_{t_0}^{t}\alpha_s \mathrm{d}s}\right)$。证毕。

下面将研究具有多项式收敛速度的 Bregman-Lagrange 子类，并展示如何离散生成的 Euler-Lagrange 方程，以获得具有匹配的、加速收敛速度的离散时间方法。通过参数 $p>0$ 的选择讨论 Bregman Lagrangians（4-6）的一个子类，其中参数函数选择如下：

$$\alpha_t = \log p - \log(t+1) \tag{4-26}$$

$$\beta_t = p\log(t+1) + \log C \tag{4-27}$$

$$\gamma_t = 2p\log(t+1) \tag{4-28}$$

式中，$C > 0$ 为一个常数，参数函数 α_t、β_t 和 γ_t 满足条件（4-13）、（4-14），其

中第二个条件式（4-14）的等号成立，可得如下 Euler-Lagrange 方程式（4-11）：

$$\ddot{X}(t)+\frac{2p+1}{t+1}\dot{X}(t)+Cp^2(t+1)^{p-2}Q^{-1}\nabla F(X(t))=\mathbf{0}_{nd} \tag{4-29}$$

并且由定理 4.1 可知，此时连续时间系统的收敛速度为 $O((t+1)^{-p})$。

在接下来的部分中，具体选择 $p=2$ 和 $\widetilde{Q}^{-1}=\frac{I_n+W}{2}$ 的情形，根据假设 2.4 易知 $Q^{-1}=\frac{I_n+W}{2}\otimes I_d$ 是正定矩阵。那么，进一步由式（4-29）可得如下二阶微分方程：

$$\ddot{X}(t)+\frac{5}{t+1}\dot{X}(t)+4CQ^{-1}\nabla F(X(t))=\mathbf{0}_{nd} \tag{4-30}$$

下面讨论微分方程式（4-30）解的存在唯一性，首先将其写成如下一阶微分方程组：

$$Z(t)=QX(t)+\frac{t+1}{4}Q\dot{X}(t) \tag{4-31}$$

$$\dot{Z}(t)=-C(t+1)\nabla F(X(t)) \tag{4-32}$$

进一步整理得到如下一阶微分方程组：

$$\dot{X}(t)=\frac{4}{t+1}Q^{-1}Z(t)-\frac{4}{t+1}X(t) \tag{4-33}$$

$$\dot{Z}(t)=-C(t+1)\nabla F(X(t)) \tag{4-34}$$

在任意有界时间区间 $[t_0, t_1]$，$0<t_0<t_1$ 上，方程组（4-33）、(4-34）的等号右侧是一个 Lipschitz 连续向量场，因此根据 Cauchy-Lipschitz 定理，对于任意给定的初始条件 $(X(t_0), Z(t_0))=(\mathrm{x}_0, \mathrm{z}_0)$，微分方程组（4-33）、(4-34）在任意时间区间 $[t_0, t_1]$ 上存在唯一解。

此外，由定理 4.1 可知 Lyapunonv 函数 $\varepsilon(t)$ 是非增的，因此方程组的解在任何有限时间内都是收敛的。特别地，Bregman 散度 $D_h(\mathrm{x}^*, Z(t))$ 具有常数上界。介绍离散时间算法之前，首先通过下面的命题说明问题（4.1）的最优条件。

命题 4.1

假设 $\mathrm{null}\{I_n-W\}=\mathrm{span}\{\mathbf{1}_n\}$，其中 $W\in\mathbb{R}^{n\times n}$。如果 x^* 满足条件：$\mathrm{x}^*=(W\otimes I_d)\mathrm{x}^*$（一致性）；$(\mathbf{1}_n^T\otimes I_d)\nabla F=\mathbf{0}_d$（最优性），那么，对任意 $i, j=1, 2, \cdots, n$ 都有 x^* 的各分量满足 $x_i^*\equiv x_j^*$，并且是问题（4.1）的最优值点。

受 Nesterov 的加速反射下降结构[114] 和加速三次正则化 Newton 法[19] 的启发，提出如下具有三个迭代序列的校正加速分布式梯度下降算法（A corrected accelerating distributed gradient descent algorithm，CoAcc－DGD），对 $k=0, 1, \cdots$，有：

$$X_{k+1}=\frac{2}{k+4}((I_n+W)\otimes I_d)Z_k+\frac{k}{k+4}Y_k \tag{4-35}$$

$$Y_{k+1}=X_k-\frac{(I_n-W)\otimes I_d}{2}X_k-\frac{\eta^2}{N}\nabla F(X_k) \tag{4-36}$$

$$Z_{k+1}=Z_k-C(k+4)\eta^2\nabla F(X_k) \tag{4-37}$$

式中：常数 $N>1$。

具体地，考虑 $X(t)$ 和 $Z(t)$ 具有时间步长 $\eta>0$ 的离散化序列 X_k 和 Z_k，定义 $t=k\eta$，记 $X_k=X(t)$，$X_{k+1}=X(t+\eta)$ 以及 $Z_k=Z(t)$，$Z_{k+1}=Z(t+\eta)$。应用向前 Euler 方法于（4-33）可得：

$$Z_k=QX_k+\frac{k\eta+1}{4}\cdot\frac{Q(X_{k+1}-X_k)}{\eta} \tag{4-38}$$

整理得到：

$$X_{k+1}=\frac{4\eta}{k\eta+1}Q^{-1}Z_k+\left(1-\frac{4\eta}{k\eta+1}\right)X_k \tag{4-39}$$

其次，运用向前 Euler 法对（4-34）进行离散化得到：

$$\frac{Z_{k+1}-Z_k}{\eta}=-C(k+4)\eta\nabla F(X_k) \tag{4-40}$$

整理可得：

$$Z_{k+1}=Z_k-C(k+4)\eta^2\nabla F(X_k) \tag{4-41}$$

定义如下辅助序列 $\{Y_k\}_{k\geqslant 0}$：

$$Y_{k+1}=X_k-\frac{(I_n-W)\otimes I_d}{2}X_k-\frac{\eta^2}{N}\nabla F(X_k) \tag{4-42}$$

式中：常数 $N>1$，用 Y_k 代替（4-40）中的 X_k 得到：

$$X_{k+1}=\frac{4\eta}{k\eta+1}Q^{-1}Z_k+\left(1-\frac{4\eta}{k\eta+1}\right)Y_k \tag{4-43}$$

注意到当 $k\to\infty$ 时，有 $\frac{4\eta}{k\eta+1}=O\left(\frac{4\eta}{k\eta+4\eta}\right)$ 成立。因此在不改变算法渐近性的前提下，可以将（4-43）中的权值 $\frac{4\eta}{k\eta+1}$ 等价的替换为 $\frac{4\eta}{k\eta+4\eta}$，从而可得：

$$X_{k+1} = \frac{2}{k+4}((I_n + W) \otimes I_d) Z_k + \frac{k}{k+4} Y_k \tag{4-44}$$

类似地，将（4-41）中的 X_k 替换为 Y_k 可得：

$$Z_{k+1} = Z_k - C(k+4)\eta^2 \nabla F(Y_k) \tag{4-45}$$

根据辅助序列 Y_k 的定义，可将其视为如下优化问题的解：

$$\min_{Y \in \mathbb{R}^{nd}} g(Y) = F(X) + \langle \nabla F(X),\ Y - X \rangle + \frac{N}{2\eta^2} \| Y - Q^{-1} X \|^2 \tag{4-46}$$

因此式（4-43）满足如下一阶最优条件：

$$\nabla F(X) + \frac{N}{\eta^2}(Y - Q^{-1}X) = \mathbf{0}_{nd} \tag{4-47}$$

由 $\nabla F(X)$ 的 L-Lipschitz 连续性可得：

$$\| \nabla F(Y) - \nabla F(X) \| \leqslant L \| Y - X \| \tag{4-48}$$

将（4-47）代入（4-48）可得：

$$\left\| \nabla F(Y) + \frac{N}{\eta^2}(Y - Q^{-1}X) \right\| \leqslant L \| Y - X \| \tag{4-49}$$

对上式两边进行平方，并展开重新整理可得如下不等式：

$$\langle \nabla F(Y),\ Y - Q^{-1}X \rangle \geqslant \frac{\eta^2}{2N} \| \nabla F(X) \|^2 + \left(\frac{N}{2\eta^2} - \frac{\eta^2 L^2}{2N} \right) \| Y - X \|^2 \tag{4-50}$$

那么，对任意 $N>1$，当 $\eta \leqslant \sqrt{\dfrac{N}{2L}}$ 时，有如下不等式成立：

$$\langle \nabla F(Y),\ Y - Q^{-1}X \rangle \geqslant \frac{\eta^2}{2N} \tag{4-51}$$

此外，关于 CoAcc-DGD 算法有如下收敛性准则。

定理 4.2

考虑无向连通图的加权矩阵满足假设 2.4，目标函数满足假设 2.1 中的 Lipschitz 条件时。如果 f 是凸函数，那么选择式（4-4）中定义的距离生成函数 h，其中 $Q = \widetilde{Q} \otimes I_d$，并且 $\widetilde{Q}^{-1} = \dfrac{I_n + W}{2}$ 是正定矩阵。对任意给定初值条件 $X_0 = Y_0 = Z_0 \in \mathbb{R}^{nd}$，其中 $X_i(0) = x_0$，$i = 1, \cdots, n$，那么运用 CoAcc-DGD 算法求解优化问题（4.1）时，所得序列 $\{Y_k\}_{k=1}^{\infty}$ 以次线性收敛速度收敛于最优值点 x^*，当步长 η 满足 $\eta \leqslant \sqrt{\dfrac{N}{2L}}$ 时，对任意 $k = 0, 1, \cdots$ 有如下不等式成立：

$$F(Y_k) - F(\mathrm{x}^*) \leqslant \frac{2D_h(\mathrm{x}^*,\ X_0)}{C\eta^2(k+4)(k+5)} = O\left(\frac{1}{\eta^2 k^2}\right) \tag{4-52}$$

其中常数 C 满足 $C \leqslant \frac{\delta}{N}$，$\delta$ 是矩阵 Q 的最小特征值、N 为任意大于 1 的常数。

证明

这里主要通过估计序列来证明收敛性，考虑文献［19］中的 Nesterov 估计函数的如下推广形式：

$$\phi_k(X) = \sum_{i=0}^{k} C(i+4)(F(Y_i) + \langle \nabla F(Y_i),\ Q^{-1}X - Y_i \rangle) + \frac{1}{\eta^2} D_h(Q^{-2}X,\ X_0) \tag{4-53}$$

注意到 $Q^{-2}X_0 = (\frac{I_n + W}{2} \otimes I_d) \cdot (\mathbf{1}_n \otimes x_0) = \mathbf{1}_n \otimes x_0 = X_0$。注意到，如式（4-45）中关于 Z_k 的计算可视为求解目标函数为估计函数 $\phi_k(X)$ 的优化问题的迭代序列，对其关于 $k = 0,1,2,\cdots$ 的递归计算可将 Z_k 写成如下形式：

$$Z_{k+1} = Z_0 - \frac{\eta^2}{4} \sum_{i=0}^{k} (i+4)\nabla F(Y_i) \tag{4-54}$$

由 $X_0 = Z_0$ 可得：式（4-54）满足 $\nabla \phi_k(Z_k) = \mathbf{0}_d$，根据 ϕ_k 是凸函数可得 Z_k 是函数 ϕ_k 的最小值点。因此，可以等价地将 Z_k 写为如下优化问题的形式：

$$Z_k = \arg\min_{Z \in \mathbb{R}^{nd}} \phi_k(Z) \tag{4-55}$$

为了分析算法 CoAcc-DGD 的收敛性，首先分析该算法具备如下性质。

引理 4.1

对任意 $k=0,1,2,\cdots$ 有如下不等式成立：

$$\phi_k(Z_k) \geqslant \frac{C(k+4)(k+5)}{2} F(Y_k) \tag{4-56}$$

式中：常数 C 满足 $0<C\leqslant\frac{\delta}{N}$。

证明

对 $k\geqslant0$ 进行归纳法证明。首先当 $k=0$ 时不等式（4-52）两边都等于 0，因此该不等式的成立是显然的。其次假设不等式（4-52）对任意 $k>0$ 都是成立的。最后证明不等式（4-52）对 $k+1$ 也是成立的。

因为 h 是 δ-强凸的，那么对其缩放后得到的 Bregman 散度 $\frac{1}{\eta^2}D_h(Q^{-2}Z,\ X_0)$ 是 $\frac{\delta}{\eta^2}$ - 强凸的，并且估计函数 $\phi_k(\cdot)$ 是 $\frac{\delta}{\eta^2}$ - 强凸的。由于 Z_k 是函数 ϕ_k 的最小值点，因此 $\nabla\phi_k(Z_k) = \mathbf{0}_{nd}$。那么，对任意 $X \in \mathbb{R}^{nd}$ 可得：

$$\phi_k(X)=\phi_k(Z_k)+D_{\phi_k}(X,Z_k)\geqslant\phi_k(Z_k)+\frac{\delta}{\eta^2}\|X-Z_k\|^2 \tag{4-57}$$

根据归纳假设以及函数 F 的凸性可得：

$$\begin{aligned}\phi_k(X)&\geqslant\frac{\delta}{2\eta^2}\|X-Z_k\|^2+\frac{C(k+4)(k+5)}{2}F(Y_k)\\&\geqslant\frac{\delta}{2\eta^2}\|X-Z_k\|^2+\frac{C(k+4)(k+5)}{2}(F(Y_{k+1})+\langle\nabla F(Y_k),\ Y_{k+1}-Y_k\rangle)\end{aligned} \tag{4-58}$$

在上式两侧同时加上 $C(k+5)(F(Y_{k+1})+\langle\nabla F(Y_{k+1}),\ Q^{-1}X-Y_{k+1}\rangle)$ 可得：

$$\begin{aligned}\phi_{k+1}(X)&\geqslant C(k+5)(F(Y_{k+1})+\langle\nabla F(Y_{k+1}),\ Q^{-1}X-Y_{k+1}\rangle)+\frac{\delta}{2\eta^2}\|X-Z_k\|^2\\&\quad+\frac{C(k+4)(k+5)}{2}(F(Y_{k+1})+\langle\nabla F(Y_k),\ Y_{k+1}-Y_k\rangle)\\&\geqslant\frac{C(k+5)(k+6)}{2}(F(Y_{k+1})+\langle\nabla F(Y_{k+1}),\ X_{k+1}-Y_{k+1}+\tau_kQ^{-1}(X-Z_k)\rangle)\\&\quad+\frac{\delta}{2\eta^2}\|X-Z_k\|^2\end{aligned} \tag{4-59}$$

由 Fenchel-Young 不等式可得：

$$\langle s,\ u\rangle+\frac{1}{2}\|u\|^2\geqslant-\frac{1}{2}\|u\|^2 \tag{4-60}$$

选择 $u=\frac{\sqrt{\delta}}{\eta}(X-Z_k)$ 和 $s=\frac{2C\eta(k+5)}{\sqrt{\delta}}Q^{-1}\nabla F(Y_{k+1})$ 可得：

$$\begin{aligned}&\frac{C(k+5)(k+6)}{2}\langle\nabla F(Y_{k+1}),\ \tau_kQ^{-1}(X-Z_k)\rangle+\frac{\delta}{2\eta^2}\|X-Z_k\|^2\\&\geqslant\left\langle\frac{C\eta(k+5)}{\sqrt{\delta}}Q^{-1}\nabla F(Y_{k+1}),\ \frac{\sqrt{\delta}}{\eta}(X-Z_k)\right\rangle+\frac{\delta}{2\eta^2}\|X-Z_k\|^2\\&\geqslant\frac{C^2\eta^2(k+5)^2}{\delta}\|\nabla F(Y_{k+1})\|^2\end{aligned} \tag{4-61}$$

其中，$\tau_k=\frac{2}{k+6}$，在不等式（4-51）中取 $Y=Y_{k+1}$ 和 $X=X_{k+1}$ 可得如下不等式：

$$\langle\nabla F(Y_{k+1}),\ X_{k+1}-Y_{k+1}\rangle\geqslant\frac{\eta^2}{2N}\|\nabla F(Y_{k+1})\|^2 \tag{4-62}$$

从而由（4-59）可得：

$$\varphi_{k+1}(X) \geqslant \frac{C(k+5)(k+6)}{2}\left(F(Y_{k+1}) + \left(\frac{1}{N} - \frac{C(k+5)}{\delta(k+6)}\right) \cdot \eta^2 \|\nabla F(Y_{k+1})\|^2\right) \tag{4-63}$$

由假设条件 $C \leqslant \frac{\delta}{N}$ 可知，上式右侧括号内第二项是非负的。从而可得如下不等式：

$$\varphi_{k+1}(X) \geqslant \frac{C(k+5)(k+6)}{2} F(Y_{k+1}) \tag{4-64}$$

上述不等式对任意 $X \in \mathbb{R}^{nd}$ 都成立，因此在 $\widetilde{\varphi}_{k+1}$ 的最小值点 $X = Z_{k+1}$ 成立。归纳法证毕。

下面继续完成对定理 4.2 的证明。由函数 F 的凸性可得估计序列 φ_k 的界如下：

$$\varphi_k(X) \leqslant \sum_{i=0}^{k} C(i+4) F(Q^{-1}X) + \frac{1}{\eta^2} D_h(Q^{-2}X, X_0) \tag{4-65}$$

上式对任意 $X \in \mathbb{R}^{nd}$ 以及 F 的最小值点数 x^* 都是成立的，结合引理 4.1 中的有界性以及 Z_k 是函数 φ_k 的最小值点可以得到：

$$\begin{aligned}\frac{C(k+4)(k+5)}{2} F(Y_k) &\leqslant \varphi_k(Z_k) \leqslant \varphi_k(Q\mathrm{x}^*) \\ &\leqslant \sum_{i=0}^{k} C(i+4) F(\mathrm{x}^*) + \frac{1}{\eta^2} D_h(Q^{-1}\mathrm{x}^*, X_0) \\ &\leqslant \frac{C(k+4)(k+5)}{2} F(\mathrm{x}^*) + \frac{1}{\eta^2} D_h(Q^{-1}\mathrm{x}^*, X_0)\end{aligned} \tag{4-66}$$

对上式整理并除以 $\frac{C(k+4)(k+5)}{2}$ 可得：

$$F(Y_k) - F(\mathrm{x}^*) \leqslant \frac{2}{\eta^2 C(k+4)(k+5)} D_h(Q^{-1}\mathrm{x}^*, X_0) = O\left(\frac{1}{\eta^2 k^2}\right) \tag{4-67}$$

由此得到算法的如式（4-52）所示的收敛速度。

因此，由算法 CoAcc-DGD 生成的迭代序列 $\{X_k\}$，$\{Y_k\}$ 和 $\{Z_k\}$ 是收敛的。记 $X^\infty = \lim\limits_{k\to\infty} X_k$、$Y^\infty = \lim\limits_{k\to\infty} Y_k$ 和 $Z^\infty = \lim\limits_{k\to\infty} Z_k$，那么当 $k \to \infty$ 时，由式（4-45）可得：

$$Z^\infty = Z^\infty - C(k+4)\eta^2 \nabla F(Y^\infty) \tag{4-68}$$

易知 $\nabla F(Y^\infty) = \mathbf{0}_{2nd}$，即 $(\mathbf{1}_n \otimes I_d) \nabla F(Y^\infty) = \sum_{i=1}^{n} \nabla f_i(y_i^\infty) = \mathbf{0}_d$，这是问题（4.1）的最优条件。

进一步，由（4-43）和（4-44）可得：

$$\mathrm{x}^* = \mathrm{x}^* + \frac{(I_n - W) \otimes I_d}{2}\mathrm{x}^* - \frac{\eta^2}{N}\nabla F(\mathrm{x}^*) \tag{4-69}$$

整理可得：

$$((I_n - W) \otimes I_d)\mathrm{x}^* = \mathbf{0}_{nd} \tag{4-70}$$

此即 x^* 的一致性，即 $x_i^* = x_j^*$，$i, j = 1, 2, \cdots, n$。

综上所述，由命题4.1可知 x_i^* 是问题（4.1）的解。证毕。

4.3 算法实现与分析

为了验证理论结果中算法的线性收敛速度，这里将本章所提出的算法 CoAcc-DGD 与经典的（加速）分布式算法，分布式梯度法（DGD）[32]，加速分布式梯度法（Acc-DGD）[42]，EXTRA[44] 和加速分布式 Nesterov 方法（Acc-DNGD）[43] 进行对比。分别根据文献中的建议这里选择各算法步长设置分别为 $\eta_{DGD} = \frac{1}{L}$、$\eta_{EXTRA} = \frac{1}{L}$、$\eta_{Acc-DGD} = \frac{1}{2L}$ 以及 $\eta_{Acc-DNGD} = \frac{1}{L}$。本章所提出算法 CoAcc-DGD 中各参数设置分别为 $N = 10$，$\eta = \sqrt{\frac{N}{2L}}$，$C = \frac{\eta}{N}$，最大迭代次数为 $K = 1000$。

4.3.1 多项式目标函数

考虑如下多项式目标函数：

$$f_i(x) = \begin{cases} \frac{1}{m}\langle a_i, x\rangle^m + \langle b_i, x\rangle, & |\langle a_i, x\rangle| \leqslant 1, \\ |\langle a_i, x\rangle| - \frac{m-1}{m}\langle b_i, x\rangle, & |\langle a_i, x\rangle| > 1, \end{cases} \tag{4-71}$$

式中：$m = 12$，$x \in \mathbb{R}^d$（$d = 1$），$i = 1, \cdots, 10$，a_i，$b_i \in \mathbb{R}^d$ 为独立同分布的均值为0方差为1的随机变量，除了 b_n 的设置为 $b_n = -\sum_{i=1}^{n-1} b_i$，满足 $\sum_{i=1}^{n} b_i = 0$。易知，$f_i(x)$ 是光滑凸函数。考虑10节点的通信图为使用连通概率为0.3的 Erdos-Renyi 模型[111] 生成无向连通图，根据图的权重矩阵满足双随机性可得各节点自身对应的权重值。权重矩阵 W 采用 Laplacian 方法[44] 选择，具体地，$W = I_n - \frac{1}{\max_{i=1,\cdots,n} d_i + 1}L$，其中

d_i 是节点 i 的度，$L = [L_{ij}]$ 是对应于图的 Laplacian 算子，并且满足：当 $(i, j) \in \varepsilon$ 时，$L_{ij} = -1$，任意 $i \in V$ 有 $L_{ii} = d_i$，以及当节点 i 与 j 不连通时 $L_{ij} = 0$。关于算法的初始条件是任意选取的，其中每个元素都是从均值为 0，方差为 1 的独立同分布的高斯模型随机生成的。所得仿真结果如图 4-1 所示，其中图 (a) 中分别展示了不同算法对应的函数值和平均状态的随迭代次数的演化过程，各算法均收敛于最优值点 x^*，在图 4-1（b）中展示了所提的算法在各节点的表现，表明了各节点平均状态分别收敛于函数的最优值点的演变过程，由图易知本书所提出的算法具有更快的收敛速度。由于 EXTRA 与 Acc-DGD 具有相同的算法格式，不同之处在于算法中权重矩阵的设置，具体的 EXTRA 中权重矩阵分别为 W 和 $\widetilde{W} = \dfrac{I + W}{2}$，算法 Acc-DGD 中权重矩阵均为 W，因此由图中结果不难看出二者具有类似的收敛性和精度，且二者收敛速度均为 $O(1/k)$。对于算法 DGD 由于设置其步长为常数，由实验结果不难发现，尽管其收敛速度为 $O(1/k)$，但此时算法得到的序列只能使得其收敛到最优值点的某邻域中。对于算法 Acc-DNGD 具有相对较高的收敛速度 $O(1/k^{1.4})$，但其仿真结果说明了在常数步长情形下随迭代的进行其轨迹存在较强的震荡现象，这与文献［43］中结果一致。最后是本章所提出的算法 CoAcc-DGD 通过引入校正项，不仅保障了其收敛轨迹曲线能够光滑地收敛到函数的最小值（点），并且实现了算法具有更快的收敛速度 $O(1/k^2)$，即使在较高的精度下算法也展示出较好的鲁棒性。

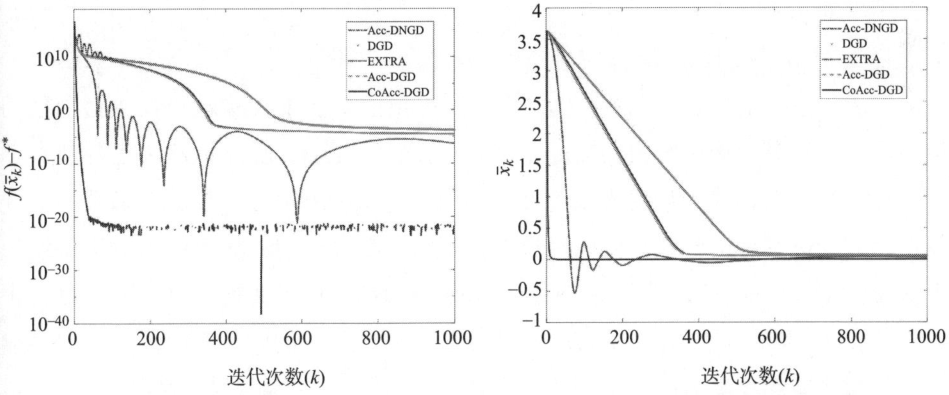

(a) 函数误差 $f(\bar{x}_k)-f^*$ 的轨迹曲线　　(b) 平均状态 $\bar{x}_k$ 的轨迹曲线

图 4-1　将不同算法应用于凸函数情形时

4.3.2 二次函数

本小节中考虑 $n=6$ 节点无向连通图，选择与前文数值实验中相同的设置，包括 Erdos-Renyi 模型[100] 生成无向连通图，以及采用 Laplacian 方法[44] 选择权重矩阵 W。当各节点局部目标函数为如下二次函数情形时：

$$f(\mathrm{x})=\frac{1}{2}\mathrm{x}^{T}M'M\mathrm{x}+b^{T}\mathrm{x}+\frac{l_2}{2}\|\mathrm{x}\|^2 \tag{4-72}$$

式中：$\mathrm{x}\in\mathbb{R}^{nd}$（$d=2$）矩阵 M 是关于各节点数据信息的对角块矩阵，由相互独立服从标准正态分布的随机变量矩阵 M_i 构成，$b_i\in\mathbb{R}^{d}$ 为独立同分布的均值为 0 方差为 1 的随机变量，$b=[b_1,\ \cdots,\ b_n]\in\mathbb{R}^{nd}$ 为独立同分布的均值为 0 方差为 1 的随机变量，正则项 $l_2=10$，易知函数是凸光滑函数并且是强凸的。对于随机生成的初值条件为：

$$\begin{aligned}\mathrm{x}_0=[&3.8902,\ -0.9573,\ 0.8881,\ 1.5327,\ -1.6962,\ 0.1756,\\&-1.5188,\ 1.3722,\ 3.2864,\ 3.5325,\ -2.3606,\ 0.2516]\end{aligned} \tag{4-73}$$

其中，分量是服从均值为 0 和方差为 100 的独立同分布的高斯模型随机生成的向量。计算可得在初值条件 x_0 处的梯度为：

$$\begin{aligned}\nabla f(\mathrm{x}_0)=[&341.6774,\ -492.6588,\ 2.2505,\ 54.6289,\ 178.1124,\ 68.9233,\\&-11.5172,\ -27.5909,\ -141.4191,\ 294.3504,\ -24.2639,\ -1.4104\end{aligned} \tag{4-74}$$

这里主要与算法 Acc-DGD，EXTRA 和 Acc-DNGD 进行对比，设置最大迭代次数为 1000，为了清晰观察各曲线轨迹，这里图中展示的是前 40%迭代部分的轨迹。实验结果如图 4-2 所示，其中图（a）展示了不同算法对应的函数值在平均状态值点随迭代次数的演化过程，各算法均收敛于最优值点 $x^*=[-0.0061,\ -0.0069]$。由图中结果不难看出，本章所提出的算法不仅实现了收敛到函数的最小值，并且具有最快的收敛速度。图 4-2（b）展示了所提的算法在各节点上平均状态分量随迭代次数的收敛轨迹，表明了各状态分量分别收敛于函数的最优值点的演变过程。由于此时目标函数不仅光滑且是强凸的，从实验结果不难发现算法 EXTRA、Acc-DGD 及算法 Acc-DNGD 分别都实现了文献［41，43，44］中的线性收敛速度，此时算法 DGD[32] 不仅收敛到了优化问题的最优值点，并且显示了与加速算法相类似的收敛速度。值得注意的是，本章所提出的算法 CoAcc-DGD 展示了较理论结果 $O(1/k^2)$ 更快的收敛速度，说明了当目标函数具有更好的属性时包含本章提出的加速算法 CoAcc-DGD 在内的所有算法都具有较好的收敛性，这与第 2、第 3 章中强凸光滑目标函数的加速优化算法的线性收敛性一致，并且收敛曲线具有很好的光滑性，但此时 CoAcc-DGD 较其他方法能够更快地达到平稳状态。

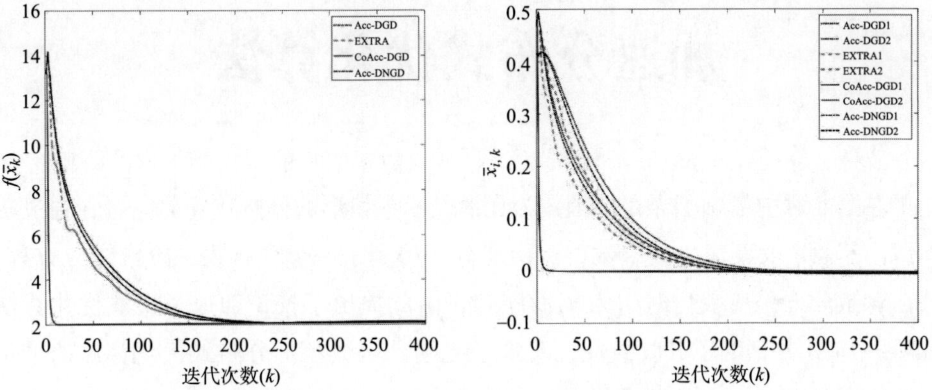

(a) 函数值$f(\bar{x}_k)$的轨迹曲线　　(b) 平均状态各分量$\bar{x}_{i,k}$, i=1, 2的轨迹曲线

图 4-2　将不同算法应用于二次函数情形

4.4　本章小结

考虑了当目标函数为光滑凸函数时的分布式优化问题，本章提出了一种具有最优收敛速度的加速分布式优化算法 CoAcc-DGD。针对现有加速算法具有最优收敛速度为 $O(1/k^{1.4})$ 的自身局限性，考虑目标函数为光滑凸函数情形，提出了一种具有最优收敛速度的校正加速分布式优化算法。通过矩阵诱导范数定义了非 Euclidean 距离生成函数，利用变分法思想得到了一个二阶常微分方程，运用 Lyapunov 函析方法证明了微分方程的指数收敛性。通过对微分方程离散化得到了加速收敛的分布式优化算法，并证明了其最优的次线性收敛速度 $O(1/k^2)$，k 是算法的迭代次数。在局部目标函数为光滑凸函数的分布式优化问题情形下，克服了加速分布式优化算法理论收敛速度局限性导致的算法收敛速度慢的问题。同时，注意到在数值实验中，当目标函数具有更好特性时例如强凸的性质，所提出的算法 CoAcc-DGD 实现了较理论收敛速度 $O(1/k^2)$ 更快地达到最优值点。因此，考虑光滑强凸的目标函数以实现加速算法更高阶的收敛速度仍然是一个值得研究的问题，未来的工作考虑也将该思想推广的有向图或者时变连通图情形的加速分布式优化算法的设计与分析，以及相关算法在实际中的应用。

第 5 章　隐式 Runge-Kutta 加速分布式优化算法

在第 4 章中考虑了当目标函数为光滑凸函数情形的分布式优化问题，通过矩阵诱导范数定义距离生成函数，运用变分法得到了一个分布式二阶常微分方程，并在对微分方程离散化时引入辅助序列，由此提出了校正加速分布式优化算法 CoAcc-DGD 并证明了其收敛性，实现了光滑凸函数情形分布式优化算法的最优收敛速度 $O(1/k^2)$。注意到机器学习中常通过在损失函数中添加 L2 正则项以降低模型复杂度，使得光滑凸的损失函数具备了强凸的特性，因此本章将进一步考虑目标函数为光滑强凸函数情形，本章考虑一种运用变分方法的具有高阶收敛速度的分布式优化算法的设计与分析。

优化问题和常微分方程之间关系的研究历史悠久，尽管目前已经建立了微分方程和集中式加速优化速算法扎实的理论基础，并通过这些方法为加速优化算法构建了一个很宽泛的框架，然而在分布式情形考虑常微分方程与加速分布式优化算法之间联系的研究工作文献［95］中，基于重球（Heavy-ball，HB）算法所对应的常微分方程，提出了利用 Runge-Kutta 积分器对其离散化得到了加速分布式优化算法。在这类方法的研究中微分方程具有高阶收敛速度，而由其离散化所得到的加速优化算法却未能保持与连续时间微分方程相同的高阶收敛速度，由此激发了本章关于高阶收敛速度的加速分布式优化算法的研究。算法的微分方程形式与离散形式并不完全等价，这是因为对微分方程进行离散后，离散算法较微分方程有了误差。这些误差累积导致最后离散的算法不收敛。因此，需要根据每个微分方程的具体形式，设计适合的离散算法。在很多时候，初始想出来的优化算法并不收敛，编程实现的时候总不能得到满意的结果，为此需要找到算法的微分方程形式，再用其他方式重新离散微分方程，得到更多的备选算法方案。

本章将通过运用变分法和 Bregman Lagrangian 得到一类二阶常微分方程，首先基于集中式优化问题，当目标函数充分光滑时，运用 A-稳定的 Runge-Kutta 方法对所得微分方程进行离散化，得到与微分方程同样的高阶速度收敛于优化问题的最优值点的加速优化算法。其次，考虑分布式优化问题情形，通过将分布式优化问题转化为具有等式约束条件的集中式优化问题，运用原始—对偶方法将约束转化问题等价转化为无约束凸优化问题，由此可以得到其对应的微分方程并运用 A-稳定的 Runge-Kutta 方法对其进行离散化，从而得到一种基于梯度的具有高阶收敛速度的加速分布式优化方法，最后通过数值实验说明算法的高阶收敛性。

5.1　问题描述

考虑如下优化问题：

$$\min_{x \in \mathbb{R}^d} f(x) = \sum_{i=1}^{n} f_i(x) \tag{5-1}$$

式中：函数 $f(x)$：$\mathbb{R}^d \to \mathbb{R}$是充分光滑的凸函数。假设优化问题有一个最优解 $x^* \in \mathbb{R}^d$，本章研究的目的是构造迭代序列 $\{x_k\}_{k=1}^{\infty}$ 使其收敛于 x^*，将 Lagrange 框架与隐式 Runge-Kutta 积分器相结合，得到了基于 Lagrange 框架的优化算法，为此本节中首先简要概述 Bregman Lagrangian 方法以及隐式 Runge-Kutta（implicit Runge-Kutta，ImRK）方法相关的基本知识。

5.1.1　Bregman Lagrangian 函数

在文献［88］中指出了，在理想参数函数的选择下，Bregman Lagrangian 可以定义一个变分问题，该问题的解以指数速度收敛到最优化问题式（5-1）的解 x^*，文中作者定义了如下连续时间系统的加权 Lagrange 函数，即 Bregman Lagrangian：

$$L(v, x, t) = e^{\alpha_t+\gamma_t}(D_d(x + e^{-\alpha_t}v, x) - e^{\beta_t}f(x)) \tag{5-2}$$

式中：函数 α_t，β_t，γ_t：$T \to \mathbb{R}$是任意关于时间变量的任意光滑函数，$T \subseteq \mathbb{R}$是时间区间，距离函数 $d(\cdot)$：$\mathbb{R}^d \to \mathbb{R}$诱导的 Bregman 散度定义如下：

$$D_d(y, x) = d(y) + d(x) - \langle \nabla d(x), y - x \rangle \tag{5-3}$$

根据变分方法，使函数 $f(x)$ 最小的必要条件为 x 使得如下 Euler-Lagrange 成立：

$$\frac{\mathrm{d}}{\mathrm{d}t}\left\{\frac{\partial L}{\partial \dot{x}}(\dot{x}, x, t)\right\} = \frac{\partial L}{\partial x}(\dot{x}, x, t) \tag{5-4}$$

为了书写方便，除非必要的情况下后文中常省略 $x(t)$、$\dot{x}(t)$ 以及 $\ddot{x}(t)$ 中的 t 直接写为 x、$\dot{x}$ 以及 $\ddot{x}$。另外记 $v(t) = \dot{x}(t)$，同样的简写为 v。

具体而言，Bregman Lagrangian（5-2）中 $L(v, x, t)$ 关于 x 和 v 的偏导数如下：

$$\frac{\partial L}{\partial v}(v,\ x,\ t)=e^{\alpha_t+\gamma_t}(e^{-\alpha_t}\cdot\nabla d(x+e^{-\alpha_t}v)-e^{-\alpha_t}\cdot\nabla d(x))$$
$$=e^{\gamma_t}(\nabla d(x+e^{-\alpha_t}v)-\nabla d(x)) \tag{5-5}$$
$$\frac{\partial L}{\partial x}(v,\ x,\ t)$$
$$=e^{\alpha_t+\gamma_t}(\nabla d(x+e^{-\alpha_t}v)-e^{-\alpha_t}\cdot\nabla^2 d(x)v-\nabla d(x)-2e^{\beta_t}\nabla f(x)) \tag{5-6}$$

对于一般情形下的α_t、β_t和γ_t，将式（5-5）、式（5-6）代入式（5-4）可得 Bregman Lagrangian 的 Euler-Lagrange 方程（5-4）是如下的一个二阶微分方程：

$$\begin{aligned}&(\dot{\gamma}_t e^{\gamma_t}-e^{\alpha_t+\gamma_t})(\nabla d(x+e^{-\alpha_t}v)-\nabla d(x))-e^{\gamma_t}\nabla^2 d(x)\dot{x}\\&+e^{\gamma_t-\alpha_t}\nabla^2 d(x+e^{-\alpha_t}v)\ddot{x}-e^{\gamma_t}\nabla^2 d(x)\dot{x}+2e^{\alpha_t+\gamma_t+\beta_t}\nabla f(x)\\&+e^{\gamma_t}(1-\dot{\alpha}_t e^{-\alpha_t})\nabla^2 d(x+e^{-\alpha_t}v)\dot{x}=\mathbf{0}_d\end{aligned} \tag{5-7}$$

整理得：

$$\begin{aligned}&\ddot{x}+(e^{\alpha_t}-\dot{\alpha}_t)\dot{x}\\&+e^{\gamma_t}(\dot{\gamma}_t-e^{\alpha_t})[\nabla^2 d(x+e^{-\alpha_t}v)]^{-1}\cdot(\nabla d(x+e^{-\alpha_t}v)-\nabla d(x))\\&+4e^{\alpha_t+\gamma_t}[\nabla^2 d(x+e^{-\alpha_t}v)]^{-1}\cdot\nabla f(x)=\mathbf{0}_d\end{aligned} \tag{5-8}$$

注意到，当$\dot{\gamma}_t=e^{\alpha_t}$成立时，则有上式中的第三项恒为$\mathbf{0}_d$，故而 Euler-Lagrange 方程可以简化为如下形式：

$$\ddot{x}+(\dot{\gamma}_t-\dot{\alpha}_t)\dot{x}+4e^{\alpha_t+\gamma_t}[\nabla^2 d(x+e^{-\alpha_t}v)]^{-1}\cdot\nabla f(x)=\mathbf{0}_d \tag{5-9}$$

为此，本章假设条件$\dot{\gamma}_t=e^{\alpha_t}$恒成立，并称为理想缩放条件。下面考虑距离函数为$d(x)=\frac{1}{2}\|x\|^2$时的 Euclidean 空间情形，在此情形下 Bregman 散度定义如下：

$$D_d(y,\ x)=\frac{1}{2}\|y-x\|^2 \tag{5-10}$$

对于满足$\dot{\gamma}_t=e^{\alpha_t}$的任意函数$\alpha_t$、$\beta_t$和$\gamma_t$，那么（5-9）可以写为如下二阶常微分方程：

$$\ddot{x}+(\dot{\gamma}_t-\dot{\alpha}_t)\dot{x}+4e^{\alpha_t+\gamma_t}\nabla f(x)=\mathbf{0}_d \tag{5-11}$$

在理想化条件$\dot{\gamma}_t=e^{\alpha_t}$成立的前提下，选择参数设置为$\alpha_t=\log 2p-\log(t+1)$、$\beta_t=p\log(t+1)+\log c$以及$\gamma_t=2p\log(t+1)$，其中$p$，$c>0$是常数，将参数函数代入（5-11）可得如下二阶常微分方程：

$$\ddot{x}+\frac{2p+1}{t+1}\dot{x}+4cp^2(t+1)^{p-2}\nabla f(x)=\mathbf{0}_d \tag{5-12}$$

记 $\boldsymbol{y}=[v;\ x]\in\mathbb{R}^{2d}$ 和 $v=\dot{x}$，并选择 $c=\dfrac{1}{4}$，则式（5-12）可以写为如下一阶微分方程：

$$\dot{\boldsymbol{y}}=\begin{bmatrix}-\dfrac{2p+1}{t+1}v+4cp^2(t+1)^{p-2}\nabla f(x)\\ v\end{bmatrix}:=\boldsymbol{F}(\boldsymbol{y}) \tag{5-13}$$

记 $\boldsymbol{F}_v=\dfrac{2p+1}{t+1}v+4cp^2(t+1)^{p-2}\nabla f(x)$ 和 $\boldsymbol{F}_x=v$，进而 $\boldsymbol{F}=[\boldsymbol{F}_v,\ \boldsymbol{F}_x]^T$。

5.1.2　隐式 Runge-Kutta 方法

这一小节介绍常微分方程组初值问题及其解的存在性，Runge-Kutta 方法等基础知识。由于高阶常微分方程组通常可化为一阶微分方程组来研究，因此考虑如下常微分方程组初值问题：

$$\dot{\boldsymbol{y}}=\boldsymbol{f}(t,\ y(t)),\ a<t<b \tag{5-14}$$

其中初值条件为 $\boldsymbol{y}(a)=\varpi$，$\varpi\in\mathbb{R}^{2d}$，这里 $\boldsymbol{f}:D=[a,\ b]\times\mathbb{R}^{2d}\to\mathbb{R}^{2d}$ 是给定的映射。

下面为了分析求解该问题的数值方法，首先考虑其解的存在性，如果存在 $\mathbb{R}^{2d}$ 中的某个向量范数 $\|\cdot\|$，使得函数 $\boldsymbol{f}(t,\ \boldsymbol{y}(t))$ 满足经典 Lipschitz 条件：

$$\|\boldsymbol{f}(t,\ \boldsymbol{y}_1)-\boldsymbol{f}(t,\ \boldsymbol{y}_2)\|\leqslant L\|\boldsymbol{y}_1-\boldsymbol{y}_2\| \tag{5-15}$$

式中，$t\in[a,\ b]$，$\boldsymbol{y}_1$，$\boldsymbol{y}_2\in\mathbb{R}^{2d}$，则初值问题式（5-14）在区间 $[a,\ b]$ 上存在唯一连续解 $\boldsymbol{y}(t)$，函数 $\boldsymbol{f}(t,\ \boldsymbol{y}(t))$ 在集合 $D=[a,\ b]\times\mathbb{R}^{2d}$ 上最小的 Lipschitz 常数为：

$$\boldsymbol{L}_{\min}:=\sup_{(t,\ y)\in D}\left\|\frac{\partial\boldsymbol{f}(t,\ \boldsymbol{y})}{\partial t}\right\| \tag{5-16}$$

考虑常微分方程初值问题的离散方法，设函数 $\boldsymbol{f}(t,\ \boldsymbol{y}(t))$ 在区间 $[a,\ b]$ 上关于时间 t 是 $(p+1)$-次连续可微的，记 $t_n=a+nh$，其中 $h=\dfrac{b-a}{N}$，则有 $a=t_0<\cdots<t_N=b$。考虑近似变量 $\boldsymbol{y}_n\approx\boldsymbol{y}(t_n)$ 以及 $\boldsymbol{f}_n:=\boldsymbol{f}(t_n,\ \boldsymbol{y}_n)\approx\boldsymbol{y}'(t_n)$，则有关于 t 的 Taylor 展开式：

$$\boldsymbol{f}(t_{n+1})=\sum_{i=0}^{p}\frac{\boldsymbol{f}^{(i)}(t_n)}{i!}h^i+O(h^{p+1}) \tag{5-17}$$

$$\boldsymbol{f}(t_{n-1})=\sum_{i=0}^{p}\frac{\boldsymbol{f}^{(i)}(t_n)}{i!}(-h)^i+O(h^{p+1}) \tag{5-18}$$

其中 $n=0, 1, \cdots, N$。由式（5-17）、式（5-18）可得如下差商逼近公式：

$$\dot{\boldsymbol{y}}(t_n) \approx \frac{\boldsymbol{y}(t_{n+1}) - \boldsymbol{y}(t_n)}{h} \tag{5-19}$$

$$\dot{\boldsymbol{y}}(t_n) \approx \frac{\boldsymbol{y}(t_n) - \boldsymbol{y}(t_{n-1})}{h} \tag{5-20}$$

进而可得：

$$\theta\dot{\boldsymbol{y}}(t_n) + (1-\theta)\dot{\boldsymbol{y}}(t_{n+1}) \approx \frac{\boldsymbol{y}(t_{n+1}) - \boldsymbol{y}(t_n)}{h} \tag{5-21}$$

移向整理可得：

$$\boldsymbol{y}(t_{n+1}) = \boldsymbol{y}(t_n) + h[\theta\dot{\boldsymbol{y}}(t_n) + (1-\theta)\dot{\boldsymbol{y}}(t_{n+1})] \tag{5-22}$$

由此得到求解系统式（5-14）的线性 θ -方法：

$$\boldsymbol{y}_{n+1} = \boldsymbol{y}_n + h[\theta\boldsymbol{f}_n + (1-\theta)\boldsymbol{f}_{n+1}] \tag{5-23}$$

特别地，当 $\theta=1$ 时可得显式 Euler 方法：

$$\boldsymbol{y}_{n+1} = \boldsymbol{y}_n + h\boldsymbol{f}_n \tag{5-24}$$

当 $\theta=0$ 时可得隐式 Euler 方法：

$$\boldsymbol{y}_{n+1} = \boldsymbol{y}_n + h\boldsymbol{f}_{n+1} \tag{5-25}$$

之所以称为隐式方法，是因为每次迭代中均需要解一个关于 $\boldsymbol{y}_{n+1}$ 的非线性方程才能获得当前数值解 $\boldsymbol{y}_{n+1}$。

此外，因为（5-22）的局部截断误差都满足如下等式：

$$\boldsymbol{R}_n := \left(\theta - \frac{1}{2}\right)h^2\dddot{\boldsymbol{y}}(t_n) + O(h^3) \tag{5-26}$$

那么，当 $\theta \neq \frac{1}{2}$ 时，方法的收敛阶等于 1；当 $\theta = \frac{1}{2}$ 时，其收敛阶达到此类方法的最高阶 2。为了提高单步计算方法的精度，Runge 与 Kutta 分别提出了在 $\boldsymbol{y}_n$ 到 $\boldsymbol{y}_{n+1}$ 的计算过程中增加若干个中间近似值的数值计算方案，这就形成了如下要介绍 Runge-Kutta 方法其一般形式为：

$$\boldsymbol{Y}_{i,n} = \boldsymbol{y}_n + h\sum_{j=1}^{s} a_{ij}\boldsymbol{f}(t_n + c_j h, \boldsymbol{Y}_{j,n}), \quad i=1, \cdots, s \tag{5-27}$$

$$\boldsymbol{y}_{n+1} = \boldsymbol{y}_n + h\sum_{j=1}^{s} b_j\boldsymbol{f}(t_n + c_j h, \boldsymbol{Y}_{j,n}), \quad n \geqslant 0 \tag{5-28}$$

其中系数 a_{ij}、b_j 和 c_j 为实数，$\boldsymbol{Y}_{i,n} \approx \boldsymbol{y}(t_n + c_i h)$。对于上述方法，若当 $i \leqslant j$ 时均有 $a_{ij}=0$，则称为显式方法，否则称为隐式方法。为简化 Runge-Kutta 方法的书写，其中系数 $A=(a_{ij}) \in \mathbb{R}^{s\times s}$，$b=[b_1, b_2, \cdots, b_s]^T \in \mathbb{R}^s$ 以及 $c=[c_1, c_2, \cdots, c_s]^T \in \mathbb{R}^s$。

如果一个 Runge-Kutta 方法的局部离散误差满足：

$$\boldsymbol{d}_{n+1}=\boldsymbol{y}(t_{n+1})-\widetilde{\boldsymbol{y}}_{n+1}=O(h^{p+1}),\ h\rightarrow 0 \tag{5-29}$$

式中，$\widetilde{\boldsymbol{y}}_{n+1}$ 是由精确值 $\boldsymbol{y}(t_n)$ 计算一步所得到的数值解，即：

$$\boldsymbol{Y}_{i,n}=\boldsymbol{y}_n+h\sum_{j=1}^{s}a_{ij}\boldsymbol{f}(t_n+c_jh,\ \boldsymbol{Y}_{j,n}),\ i=1,\ \cdots,\ s \tag{5-30}$$

$$\widetilde{\boldsymbol{y}}_{n+1}=\boldsymbol{y}_n+h\sum_{j=1}^{s}b_j\boldsymbol{f}(t_n+c_jh,\ \boldsymbol{Y}_{j,n}),\ n\geqslant 0 \tag{5-31}$$

下面考虑微分方程式（5-13）的 Runge-Kutta 方法。

定义 5.1

给定微分方程 $\dot{\boldsymbol{y}}=\boldsymbol{f}(\boldsymbol{y})$，记 $\boldsymbol{y}_0=[\boldsymbol{0}_d;\ x_0]$ 为当前初始状态，通过迭代方法得到下一步状态的 s-级 Runge-Kutta 方法如下：

$$z_i=\boldsymbol{y}_0+h\sum_{j=1}^{s}a_{ij}\boldsymbol{F}(z_j),\ i=1,\ \cdots,\ s \tag{5-32}$$

$$\varphi_h(\boldsymbol{y}_0)=\boldsymbol{y}_0+h\sum_{i=1}^{s}b_i\boldsymbol{F}(z_i),\ n\geqslant 0 \tag{5-33}$$

其中，h 是步长，$x_0\in\mathbb{R}^d$ 是任意初始条件，$\boldsymbol{0}_d\in\mathbb{R}^d$ 表示所有分量全为 0 的向量，a_{ij} 和 b_i 是由积分器决定的合适系数，而 $\Phi_h(\boldsymbol{y}_0)$ 是状态 $\boldsymbol{y}$ 在时间步长 h 之后的估计，其中 z_i，$i=1$，$\cdots$，s 是 $\boldsymbol{y}_0$ 的 s 个相邻的点，$\boldsymbol{F}(z_i)$ 的值是可以通过直接计算得到。

一般情况下，借助于多个相邻点处的函数值计算，适当选择 Taylor 展开式的系数可以获得较高的精度的方法。首先介绍方法收敛阶的概念它表征着数值方法的收敛速度[104]。

定义 5.2

记 $\varphi_h(\boldsymbol{y}_0)$ 是常微分方程式（5-13）的具有初值条件 $\boldsymbol{y}_0$ 的解析解，若存在某正整数 $q>0$，使得积分器 $\Phi_h(\boldsymbol{y}_0)$ 的离散化误差满足如下条件：

$$\|\Phi_h(\boldsymbol{y}_0)-\varphi_h(\boldsymbol{y}_0)\|=O(h^{q+1}),\ h\rightarrow 0 \tag{5-34}$$

则称该积分器的收敛阶为 q。

命题 5.1（文献［105］）

将 s -级隐式 Runge-Kutta 方法应用于微分方程 $u'=\lambda u$，可得：

$$\Phi_h(\boldsymbol{y}_0)=R(h\lambda)\boldsymbol{y}_0 \tag{5-35}$$

记 $w=h\lambda$，则有：

$$R(w)=1+wb^T(I_s-wA)^{-1}\boldsymbol{1}_s \tag{5-36}$$

式中，$A=(a_{ij})$，$b=[b_1,\ \cdots,\ b_s]^T$ 以及 $\boldsymbol{1}_s=[1,\ \cdots,\ 1]^T\in\mathbb{R}^s$

定义 5.3

如果函数 $R(w)$ 是如下 Dahlquist 测试方程的单步数值解：

$$\dot{u} = \lambda u,\ u_0 = 1,\ w = h\lambda \tag{5-37}$$

则称 $R(w)$ 为对应的数值方法的稳定性函数。此外，定义如下集合：

$$S = \{w \in \mathbb{C} \mid |R(w)| \leq 1\} \tag{5-38}$$

称为该数值方法的稳定域，其中 $\mathbb{C}$是复数集。

当一个数值方法被应用于求解某常微分方程初值问题时，若由于数值稳定性的苛刻要求，而使计算过程仅在方法取极端小步长时才成功，否则计算失败，则称这类现象为刚性现象，而所求解的问题称为是一个刚性问题。刚性问题广泛存在于化学工程、电子电路、自动控制和热力学等工程领域，与通常的常微分方程初值问题相比较，其求解更为困难。由于数值求解刚性问题要克服的困难关键在于解除数值稳定性对方法步长的限制，因此自然地希望数值方法的稳定域尽可能大，最好能够覆盖复左半 $h\lambda$ 面中的某些无限区域。为此，Dahlquist 提出了数值方法的 A-稳定性概念。根据稳定域的定义，引入关于数值方法的 A-稳定概念[106,107]。

定义 5.4

如果数值方法的稳定区域满足如下条件：

$$S \supset \mathbb{C}^{-1} = \{w \mid w \in \mathbb{C},\ \mathrm{Re}\quad w \leq 1\} \tag{5-39}$$

则称该方法被是 A -稳定的，其中 Re　w 表示复数 w 的实部。

引理 5.1（文献［105］）

给定 s-级隐式 Runge-Kutta 方法，当且仅当函数 $R(w)$ 在 $\mathbb{C}^{-1}$ 上是解析并且满足如下不等式时：

$$|R(iz)| < 1,\ z \in \mathbb{R} \tag{5-40}$$

则称 Runge-Kutta 方法是 A-稳定的，其中 i 是虚数单位。

注意到任何显式 Runge-Kutta 方法及线性多步法的稳定域均为有界区域，因此其不可能包含复半平面 $\mathbb{C}^{-1}$，因此这些方法均不是 A-稳定的，在本章中恒假设所采用的隐式 Runge-Kutta 方法是 A-稳定的。

5.1.3　初等微分

本小节回顾了一些关于初等微分的基本知识。除非另有说明，本小节中提出的所有结果均已在文献［108］中得到证明。给定一个微分方程 $\dot{\boldsymbol{y}} = \boldsymbol{F}(\boldsymbol{y})$，希望找到一种方便的方法来表达和计算它的高阶导数。为此记 τ 表示树结构，$|\tau|$ 表

示 τ 中的节点数。

定义 5.5

树（根）τ 的集合递归定义如下：

（1）只有一个顶点（称为根）的图 · 属于 τ；

（2）如果 τ_1，…，$\tau_m \in \tau$，那么将 τ_1，…，τ_m 的根连接到一个新的顶点上得到的图也属于 τ，可以表示为如下形式：

$$\boldsymbol{\tau} = [\tau_1, \cdots, \tau_m] \tag{5-41}$$

并且新的顶点是 τ 的根。

定义 5.6

对于树 τ，基本微分指的是存在一个映射 $\boldsymbol{F}(\tau)$：$\mathbb{R}^d \to \mathbb{R}^d$，$\boldsymbol{F}(\cdot)(\boldsymbol{y}) = \boldsymbol{F}(\boldsymbol{y})$ 的定义如下：

$$\boldsymbol{F}(\tau)(\boldsymbol{y}) = \nabla^m \boldsymbol{F}(\boldsymbol{y})[\boldsymbol{F}(\tau_1)(\boldsymbol{y}), \cdots, \boldsymbol{F}(\tau_m)(\boldsymbol{y})] \tag{5-42}$$

式中：$\tau = [\tau_1, \cdots, \tau_m]$，$\sum_{i=1}^{m} |\tau_i| = |\tau| - 1$。

根据上述定义，以及递归运算的乘积法则在文献［108］得到了如下结果。

引理 5.2

记微分代数方程 $\dot{\boldsymbol{y}} = \boldsymbol{F}(\boldsymbol{y})$ 的精确解为 $\boldsymbol{y}(t)$，则有 $\boldsymbol{y}(t)$ 的 q-阶导数为：

$$\boldsymbol{y}^{(q)}(t_0) = \boldsymbol{F}^{(q-1)}(\boldsymbol{y}_0) = \sum_{|\tau|=q} \alpha(\tau)\boldsymbol{F}(\tau)(\boldsymbol{y}_0) \tag{5-43}$$

式中：$\boldsymbol{y}(t_0) = \boldsymbol{y}_0$，$\alpha(\tau)$ 是一个正整数，由树的模式 τ 及其在整体树中出现次数决定。

根据 Leibniz 规则，$\dfrac{\mathrm{d}^q \boldsymbol{F}(z_i)}{\mathrm{d}h^q}$ 的表达式可以用与引理 5.2 相同的方法计算。

引理 5.3

对于定义 5.1 中定义的 Runge-Kutta 方法，如果 $\boldsymbol{F}$ 是 q-次可微的，则有：

$$\frac{\mathrm{d}^q \Phi_h(\boldsymbol{y}_0)}{\mathrm{d}h^q} = \sum_{i \leqslant s} b_i \left[h \frac{\mathrm{d}^q \boldsymbol{F}(z_i)}{\mathrm{d}h^q} + q \frac{\mathrm{d}^{q-1} \boldsymbol{F}(z_i)}{\mathrm{d}h^q} \right] \tag{5-44}$$

式中：$\dfrac{\mathrm{d}^q \boldsymbol{F}(z_i)}{\mathrm{d}h^q}$ 与引理 5.2 中的 $\boldsymbol{F}^{(q)}(\boldsymbol{y})$ 具有类似的结构，只需要将表达式中的所有 $\boldsymbol{F}$ 替换为 $\dfrac{\mathrm{d}^q z_i}{\mathrm{d}h^q}$ 以及所有 $\nabla^n \boldsymbol{F}(\boldsymbol{y})$ 替换为 $\nabla^n \boldsymbol{F}(z_i)$。

5.2　Runge-Kutta 加速优化算法

本小节首先介绍稳定离散时间算法的含义。考虑离散时间算法是通过将 A -

稳定 Runge-Kutta 方法应用于常微分方程式（5-13）得到的，如果该算法能够保持基本常微分方程式（5-13）的收敛速度，则称其为稳定的离散时间算法。为了利用隐式 Runge-Kutta 方法的阶条件，关于函数 f 的高阶导数的做如下有界性假设。

假设 5.1

考虑优化问题（5-1），对任意正整数 k、q 和 p 且满足 $k, q \geqslant p$。记 $C_L^{k,q}(\mathbb{R}^d)$ 为 $\mathbb{R}^d$ 上 k-次连续可微函数并且 q-阶导数是 L-Lipschitz 连续的所有函数构成的集合，即对任意 $x, y \in \mathbb{R}^d$，都有如下不等式成立：

$$\|\nabla^q f(x) - \nabla^q f(y)\| \leqslant \|x - y\| \tag{5-45}$$

考虑给定函数集 $\mathcal{F} \subseteq C_L^{k,q}(\mathbb{R}^d)$，对任意 $f(x) \in \mathcal{F}$，有如下不等式恒成立：

$$\|\nabla^i f(x)\| \leqslant L \tag{5-46}$$

式中：$i = 1, \cdots, q$。

假设 5.2

考虑优化问题（5-1），假设函数 $f(x)$ 是 μ-强凸的，即存在 $\mu > 0$，使得对任意 $x, y \in \mathbb{R}^d$，有如下不等式成立：

$$f(y) \geqslant f(x) + \langle \nabla f(x), y - x \rangle + \frac{\mu}{2}\|y - x\|^2 \tag{5-47}$$

引理 5.4

若函数 $f(x)$ 在 $\mathbb{R}^d$ 上是二次连续可微的，并记 $x^* = \underset{x \in \mathbb{R}^d}{\operatorname{argmin}} f(x)$，则有：

$$\frac{1}{4}\lambda_1 \|x - x^*\|^2 \leqslant f(x) - f(x^*) \tag{5-48}$$

式中：λ_1 是 Hessian 矩阵 $\nabla^2 f(x^*)$ 的最小特征值。

证明

参见文献［58］中定理 1.2.3 的证明。

注 5.1

基于假设 5.2 和引理 5.4，那么对于二次可微函数 $f(x)$ 可以得到 $\nabla^2 f(x) \geqslant l I_d$，其中 I_d 是单位矩阵以及 $l = \min\{\lambda_1, \mu, 1\}$。

在分析连续时间和离散时间算法收敛性时 Lyapunov 函数都起着重要的作用。对于非线性微分方程式（5-13），定义 Lyapunov 函数如下：

$$\begin{aligned}\varepsilon(\boldsymbol{y}(t)) &= \varepsilon([v; x], t) \\ &= 2(t+1)^p(f(x) - f(x^*)) + \frac{(t+1)^2}{4p^2}\|v\|^2 + 3\left\|x + \frac{t+1}{2p}v - x^*\right\|^2\end{aligned} \tag{5-49}$$

注 5.2

函数 $\varepsilon(\boldsymbol{y}(t))$ 中的系数和二次项部分，与文献［88］和［92］中的 Lyapunov 函数不同，这种差异是证明本研究中提出的离散优化算法收敛性改进的关键。

下面主要考虑关于微分方程式（5-13）的收敛性。首先引入一些符号，给定向量 $\boldsymbol{y}_0=[\boldsymbol{0}_d;\ x_0]\in\mathbb{R}^{2d}$，其中初始时刻为 $t_0\geqslant 0$，定义 $\boldsymbol{y}_0$ 的邻域为 $U_\delta(\boldsymbol{y}_0):=\{\boldsymbol{y}=[v;\ x]\mid \|x-x_0\|\leqslant\delta,\ \|v-v_0\|\leqslant\delta\}$，以及时间区间满足 $|t-t_0|\leqslant\sigma$，其中 $0<\sigma<1, t_0\geqslant 0$，$\delta:=\dfrac{1}{t_0+1}$。记 $\varepsilon(\boldsymbol{y}_0)=\varepsilon_0$，不失一般性，假设 $\varepsilon_0\geqslant 1$。另外，由于 x 和 v 都是关于时间 t 的函数 $x(t)$ 和 $v(t)$，因此 $\boldsymbol{y}$ 也是关于 t 的函数 $\boldsymbol{y}(t)$，为了书写方便且不致混淆的情况下，接下来的部分中将省略 t 的书写，简写 x、v、$\boldsymbol{y}$，以及关于 $\varepsilon(\boldsymbol{y}(t))$ 的书写 $\varepsilon(\boldsymbol{y})$ 或者 ε。

关于连续系统的收敛性由如下定理得到。

定理 5.1

当假设 5.1 和假设 5.2 成立时，对任意满足微分方程式（5-13）的 $\boldsymbol{y}=[v;\ x]\in\mathbb{R}^{2d}$，考虑由式（5-49）定义的 Lyapunov 函数 ε，都有 Lyapunov 函数关于时间变量 t 的导数 $\dot{\varepsilon}(\boldsymbol{y})$ 是非正的，更精确地说 $\dot{\varepsilon}(\boldsymbol{y})$ 是有界的：

$$\dot{\varepsilon}(\boldsymbol{y})\leqslant-\frac{p}{C'(t+1)}\varepsilon(\boldsymbol{y}) \tag{5-50}$$

式中，常数 $C'=48/l>0$，$l=\min\{\lambda_1,\ \mu,\ 1\}$，$\lambda_1$ 是目标函数 $f(x)$ 的 Hessian 矩阵 $\nabla^2 f(x^*)$ 的最小特征值，μ 是 $f(x)$ 的强凸系数。

证明

记 $v=\dot{x}$，根据微分方程式（5-13）有：

$$\ddot{x}=\dot{v}=-\frac{2p+1}{t+1}v-p^2(t+1)^{p-2}\nabla f(x) \tag{5-51}$$

计算 $\varepsilon(\boldsymbol{y})$ 关于 t 的导数可得：

$$\begin{aligned}
\dot{\varepsilon}&=\frac{2(t+1)}{4p^2}\|v\|^2+\frac{(t+1)}{4p^2}\langle 2v,\ \dot{v}\rangle+2(t+1)^p\langle\nabla f(x),\ \dot{x}\rangle\\
&\quad+2p(t+1)^{p-1}(f(x)-f(x^*))+6\left\langle x+\frac{t+1}{2p}v-x^*,\ \dot{x}+\frac{1}{2p}\dot{x}+\frac{t+1}{2p}\ddot{x}\right\rangle\\
&=\frac{2(t+1)}{4p^2}\left\langle\dot{x},\ \frac{2p+1}{t+1}\dot{x}+\ddot{x}\right\rangle-\frac{2(t+1)}{4p^2}\langle\dot{x},\ 2p\dot{x}\rangle+2(t+1)^p\langle\nabla f(x),\ \dot{x}\rangle\\
&\quad+2p(t+1)^{p-1}(f(x)-f(x^*))+\frac{3(t+1)}{p}\left\langle x+\frac{t+1}{2p}v-x^*,\ \frac{2p+1}{t+1}\dot{x}+\ddot{x}\right\rangle
\end{aligned}$$

$$= \frac{(t+1)^2}{2p^2}\langle \dot{x}, \ -p^2(t+1)^{p-2}\nabla f(x)\rangle + 2p(t+1)^{p-1}(f(x)-f(x^*)) - \frac{t+1}{p}\|\dot{x}\|^2$$

$$- \frac{3(t+1)}{p}\langle x + \frac{t+1}{2p}\dot{x} - x^*, \ p^2(t+1)^{p-2}\nabla f(x)\rangle + 2(t+1)^p\langle \nabla f(x), \ \dot{x}\rangle \tag{5-52}$$

引入辅助项 $\frac{pl}{16(t+1)}\left\| x + \frac{t+1}{2p}\dot{x} - x^* \right\|^2$ 可得：

$$\dot{\varepsilon} = -\frac{(t+1)^p}{2}\langle \dot{x}, \ \nabla f(x)\rangle - \frac{t+1}{p}\|\dot{x}\|^2 + 2(t+1)^p\langle \nabla f(x), \ \dot{x}\rangle$$

$$+ 2p(t+1)^{p-1}(f(x)-f(x^*)) - \frac{3(t+1)^2}{2p^2}\langle \dot{x}, \ p^2(t+1)^{p-2}\nabla f(x)\rangle$$

$$- \frac{3(t+1)}{p}\langle x - x^*, \ p^2(t+1)^{p-2}\nabla f(x)\rangle - \frac{pl}{16(t+1)}\left\| x + \frac{t+1}{2p}\dot{x} - x^* \right\|^2$$

$$- \frac{1}{2}p(t+1)^{p-1}(f(x)-f(x^*)) + \frac{1}{2}p(t+1)^{p-1}(f(x)-f(x^*))$$

$$+ \frac{pl}{16(t+1)}\left\| x + \frac{t+1}{2p}\dot{x} - x^* \right\|^2 \tag{5-53}$$

对任意向量 a 和 b，有基本不等式 $(a+b)^2 \leqslant 2a^2 + 2b^2$ 成立，在上式的最后一项中令 $a = x + \frac{t+1}{2p}\dot{x} - x^*$ 和 $b = \frac{t+1}{2p}\dot{x}$ 可得：

$$\dot{\varepsilon} \leqslant -\frac{(t+1)^p}{2}\langle \dot{x}, \ \nabla f(x)\rangle - \frac{3(t+1)^p}{2}\langle \dot{x}, \ \nabla f(x)\rangle + 2(t+1)^p\langle \nabla f(x), \ \dot{x}\rangle$$

$$- \frac{t+1}{p}\|\dot{x}\|^2 - \frac{1}{2}p(t+1)^{p-1}(f(x)-f(x^*)) - \frac{pl}{16(t+1)}\left\| x + \frac{t+1}{2p}\dot{x} - x^* \right\|^2$$

$$+ 2p(t+1)^{p-1}(f(x)-f(x^*)) - 3p(t+1)^{p-1}\langle x - x^*, \ \nabla f(x)\rangle$$

$$+ \frac{1}{2}p(t+1)^{p-1}(f(x)-f(x^*)) + \frac{2pl}{16(t+1)}\|x-x^*\|^2 + \frac{2pl}{16(t+1)}\frac{(t+1)^2}{4p^2}\|\dot{x}\|^2$$

$$= -\frac{t+1}{p}\|\dot{x}\|^2 + \frac{l(t+1)}{32p}\|\dot{x}\|^2 - \frac{1}{2}p(t+1)^{p-1}(f(x)-f(x^*)) \tag{5-54}$$

$$- \frac{pl}{16(t+1)}\left\| x + \frac{t+1}{2p}\dot{x} - x^* \right\|^2 - 3p(t+1)^{p-1}\langle x - x^*, \ \nabla f(x)\rangle$$

$$+ \frac{5}{2}p(t+1)^{p-1}(f(x)-f(x^*)) + \frac{2pl}{16(t+1)}\|x-x^*\|^2$$

根据引理 5.4 可得：

$$\frac{l}{16(t+1)}\|x-x^*\|^2 \leqslant \frac{1}{4}(f(x)-f(x^*)) \leqslant \frac{1}{4}(t+1)^p(f(x)-f(x^*)) \tag{5-55}$$

由式（5-54）可得：

$$\begin{aligned}\dot{\varepsilon} \leqslant & -\frac{t+1}{2p}\|\dot{x}\|^2 - \frac{pl}{16(t+1)}\left\|x+\frac{t+1}{2p}\dot{x}-x^*\right\|^2 - \frac{1}{2}p(t+1)^{p-1}(f(x)-f(x^*)) \\ & -3p(t+1)^{p-1}\langle x-x^*, \nabla f(x)\rangle + \frac{5}{2}p(t+1)^{p-1}(f(x)-f(x^*)) \\ & +\frac{1}{2}p(t+1)^{p-1}(f(x)-f(x^*)) \qquad (5\text{-}56) \\ = & -\frac{t+1}{2p}\|\dot{x}\|^2 - \frac{1}{2}p(t+1)^{p-1}(f(x)-f(x^*)) - \frac{pl}{16(t+1)}\left\|x+\frac{t+1}{2p}\dot{x}-x^*\right\|^2 \\ & -3p(t+1)^{p-1}\langle x-x^*, \nabla f(x)\rangle + 3p(t+1)^{p-1}(f(x)-f(x^*))\end{aligned}$$

根据函数 $f(x)$ 凸的性质可得：

$$\begin{aligned}\dot{\varepsilon} & \leqslant -\frac{t+1}{2p}\|\dot{x}\|^2 - \frac{1}{2}p(t+1)^{p-1}(f(x)-f(x^*)) - \frac{pl}{16(t+1)}\left\|x+\frac{t+1}{2p}\dot{x}-x^*\right\|^2 \\ & \leqslant -\frac{l(t+1)}{192p}\|\dot{x}\|^2 - \frac{lp(t+1)^{p-1}}{2}(f(x)-f(x^*)) - \frac{pl}{16(t+1)}\left\|x+\frac{t+1}{2p}\dot{x}-x^*\right\|^2 \\ & \leqslant \frac{pl}{48(t+1)}\varepsilon(\boldsymbol{y}) \\ & = \frac{p}{C'(t+1)}\varepsilon(\boldsymbol{y}) \qquad (5\text{-}57)\end{aligned}$$

式中，常数 $C'=48/l$。证毕。

5.2.1　Runge-Kutta 加速算法收敛性分析

在这一节中，结合 Bregman Lagrangian 框架和隐式 Runge-Kutta 积分器来推导的加速优化算法，然后分析得到的优化算法的收敛性。文献［88］中指出，简单的离散化（如 Euler 方法）应用常微分方程很难保证收敛的离散时间算法。在此基础上，提出利用隐式 Runge-Kutta 积分器对式（5-13）中定义的二阶常微分方程进行离散化，设计收敛的离散时间算法。

本节提出的优化算法总结在算法 5.1 中。在给出本书的主要收敛结果之前，首先介绍 Lyapunov 函数式（5-49）关于离散变量的有界性。

算法 5.1 计算 $\{\boldsymbol{x}_k\}_{k=1}^{N}$

(1) L 是假设 5.1 中的常数。

（2）选择在任意初始时刻 $t_0 \geqslant 0$ 的初始状态 $\boldsymbol{y}_0 = [\boldsymbol{0}_d; x_0] \in \mathbb{R}^{2d}$ 以及 $\boldsymbol{\varepsilon}_0 = \boldsymbol{\varepsilon}(\boldsymbol{y}_0)$，离散步长 $h = \frac{1}{4}\left(\frac{\boldsymbol{\varepsilon}_0^2}{C_p(q+1)^2}\right)^{\frac{1}{q}} \frac{1}{(\boldsymbol{\varepsilon}_0 + L + 1)^{1+2/q}}$，其中 $C_p = c_1^p(p+1)!$，并且 c_1 是某常数。

（3）$x_k \leftarrow s$ -级 q-阶隐式 Runge-Kutta 积分器（$\boldsymbol{F}$，$\boldsymbol{y}_0$，k，h），%其中 $\boldsymbol{F}$ 是式（5-17）中所定义的微分方程。

（4）输出 x_k。

命题 5.2

当假设 5.1 成立时，运用 s -级 q -阶隐式 Runge-Kutta 积分器对式（5-13）进行数值求解，当选取步长 h 满足如下不等式时：

$$h \leqslant \left(\frac{1}{4C'} \frac{\boldsymbol{\varepsilon}_0^2}{C_p(t_0+1)^p(q+1)^2}\right)^{\frac{1}{q}} \frac{1}{(\boldsymbol{\varepsilon}_0 + L + 1)^{1+\frac{2}{q}}} \tag{5-58}$$

其中 $C_p = c_1^p(p+1)!$ 是常数，则有：

$$\boldsymbol{\varepsilon}(\boldsymbol{y}_N) \leqslant \left(1 - \frac{hp}{2C'(t_0+1)}\right)^N \boldsymbol{\varepsilon}_0^2 \tag{5-59}$$

证明

根据 Taylor 定理和三角不等式可得：

$$\begin{aligned} &|\boldsymbol{\varepsilon}(\Phi_h(\boldsymbol{y}_0)) - \boldsymbol{\varepsilon}(\varphi_h(\boldsymbol{y}_0))| \\ \leqslant & h^{q+1} \max_{0 \leqslant \lambda \leqslant h}\left(\left|\frac{\mathrm{d}^{q+1}}{\mathrm{d}h^{q+1}}\boldsymbol{\varepsilon}(\Phi_\lambda(\boldsymbol{y}_0))\right| + \left|\frac{\mathrm{d}^{q+1}}{\mathrm{d}h^{q+1}}\boldsymbol{\varepsilon}(\varphi_\lambda(\boldsymbol{y}_0))\right|\right) \end{aligned} \tag{5-60}$$

由 $\boldsymbol{\varepsilon}(\varphi_h(\boldsymbol{y}_0)) \leqslant \left(1 - \frac{hp}{C'(t_0+1)}\right)\boldsymbol{\varepsilon}_0$ 可得：

$$\begin{aligned} &\boldsymbol{\varepsilon}(\Phi_h(\boldsymbol{y}_0)) \\ \leqslant & \left(1 - \frac{hp}{C'(t_0+1)}\right)\boldsymbol{\varepsilon}_0 + h^{q+1} \cdot \max_{0 \leqslant \lambda \leqslant h}\left(\left|\frac{\mathrm{d}^{q+1}}{\mathrm{d}h^{q+1}}\boldsymbol{\varepsilon}(\Phi_\lambda(\boldsymbol{y}_0))\right| + \left|\frac{\mathrm{d}^{q+1}}{\mathrm{d}h^{q+1}}\boldsymbol{\varepsilon}(\varphi_\lambda(\boldsymbol{y}_0))\right|\right) \\ \leqslant & \left(1 - \frac{hp}{C'(t_0+1)}\right)\boldsymbol{\varepsilon}_0 + h^{q+1}\left(\frac{C_{p,\,q+1}}{t_0+1}(1+L+\boldsymbol{\varepsilon}_0)^{q+2} + \frac{C'_{p,\,q+1}}{t_0+1}(1+L+\boldsymbol{\varepsilon}_0)^{q+2}\right) \\ \leqslant & \left(1 - \frac{hp}{C'(t_0+1)}\right)\boldsymbol{\varepsilon}_0^2 + h^{q+1}\frac{2\hat{C}_{p,\,q+1}}{t_0+1}(1+L+\boldsymbol{\varepsilon}_0)^{q+2} \end{aligned} \tag{5-61}$$

其中第二个不等式根据引理 5.7 和引理 5.8 得到，最后一个不等式根据 $\hat{C}_{p,\,q+1} = \max\{C_{p,\,q+1}, C'_{p,\,q+1}\}$ 得到。

不失一般性假设 $C_{p,\,q+1} \geqslant C'_{p,\,q+1}$，即 $\hat{C}_{p,\,q+1} = C_{p,\,q+1} = C_p(t_0+1)^p(q+1)^2$。选

择适当的步长 h 满足如下不等式：

$$h \leqslant \left(\frac{1}{4C'}\frac{\varepsilon_0^2}{C_p(t_0+1)^p(q+1)^2}\right)^{\frac{1}{q}}\frac{1}{(\varepsilon_0+L+1)^{1+\frac{2}{q}}} \tag{5-62}$$

从而得到：

$$\varepsilon(\Phi_h(\boldsymbol{y}_0)) \leqslant \left(1-\frac{hp}{2C'(t_0+1)}\right)^N \varepsilon_0^2 \tag{5-63}$$

证毕。

最后，通过如下定理给出算法 5.1 的收敛性。

定理 5.2

考虑微分方程式（5-13），当函数 $f(x)$ 满足假设 5.1 和假设 5.2。考虑 s-级 q-阶 Runge-Kutta 方法，记 N 是迭代的总数，x_0 是任意初值条件，选择适当的常数 $\varepsilon_0=L$ 和 C_p，使得步长 h 满足 $h=\left(\frac{\varepsilon_0^2}{C_p(q+1)^2}\right)^{\frac{1}{q}}\frac{1}{(\varepsilon_0+L+1)^{1+\frac{2'}{q}}}$ 那么算法经过 N 次迭代后得到的 x_N 满足如下不等式：

$$f(x_N)-f(x^*) \leqslant \widetilde{C}\left(1-\widetilde{C}_{p,\,q}\cdot\frac{\mu}{L}\right)^N N^{-p} \tag{5-64}$$

式中：$\widetilde{C} = 4^p\ \varepsilon_0^2\left(\frac{C_p(q+1)^2}{\varepsilon_0}\right)^{\frac{p}{q}}(\varepsilon_0+L+1)^{2p}$ 以及 $\widetilde{C}_{p,\,q} = \frac{p}{3600(t_0+1)}\left(\frac{1}{C_p(q+1)^2}\right)^{\frac{1}{q}}$。

证明

首先根据离散格式的 A-稳定性定义 5.4 证明算法的收敛性。当目标函数 f 为二次函数时，不妨记作 $f(x)=\frac{1}{2}x^TUx+Vx+W$，其中 $U\in\mathbb{R}^{d\times d}$ 是一个正定对称的矩阵。此时式（5-13）是线性微分方程：

$$\dot{\boldsymbol{y}} = \boldsymbol{F}(\boldsymbol{y}) = \Theta\boldsymbol{y} + \Lambda \tag{5-65}$$

其中 $\Theta = \begin{bmatrix} -\frac{2p+1}{t+1}I_d & p^2(t+1)^{p-2}U \\ I_d & \mathbf{0}_{d\times d}\end{bmatrix}$，以及 $\Lambda = \begin{bmatrix} V \\ \mathbf{0}_d \end{bmatrix}$。

用隐式 Runge-Kutta 方法求解微分方程方程（5-65）可以得到如下优化算法：

$$z_{n,i}=\boldsymbol{y}_n+h\sum_{j=1}^{s}a_{ij}\boldsymbol{F}(z_{n,j}),\ i=1,\ \cdots,\ s \tag{5-66}$$

$$\boldsymbol{y}_{n+1}=\boldsymbol{y}_n+h\sum_{i=1}^{s}b_i\boldsymbol{F}(z_{n,i}),\ n\geqslant 0 \tag{5-67}$$

那么，上式可以重新写成如下矩阵-向量格式：

$$\boldsymbol{z}_n=\mathbf{1}_s\otimes\boldsymbol{y}_n+h(A\otimes I_{2d})\boldsymbol{F}(z_n)=\mathbf{1}_s\otimes\boldsymbol{y}_n+h(A\otimes I_{2d})(\boldsymbol{\Theta}\boldsymbol{z}_n+\Lambda) \tag{5-68}$$

$$\boldsymbol{y}_{n+1}=\boldsymbol{y}_n+h(b^T\otimes I_{2d})\boldsymbol{F}(z_n) \tag{5-69}$$

其中 $\mathbf{1}_s=[1,\ \cdots,\ 1]^T\in\mathbb{R}^s$，对式（5-68）进行整理可得：

$$\begin{aligned}\boldsymbol{z}_n=&(I_{2ds}-h(A\otimes I_{2d})(\mathbf{1}_s\otimes\boldsymbol{\Theta}))^{-1}(\mathbf{1}_s\otimes\boldsymbol{y}_n)\\&+(I_{2ds}-h(A\otimes I_{2d})(\mathbf{1}_s\otimes\boldsymbol{\Theta}))^{-1}h(A\otimes I_{2d})(\boldsymbol{\Theta}\boldsymbol{z}_n+\Lambda)\end{aligned} \tag{5-70}$$

将上式代入式（5-69）可得：

$$\begin{aligned}\boldsymbol{y}_{n+1}=&\boldsymbol{y}_n+h(b^T\otimes I_{2d})(I_{2ds}-h(A\otimes I_{2d})(\mathbf{1}_s\otimes\boldsymbol{\Theta}))^{-1}(\mathbf{1}_s\otimes y_n)+(\mathbf{1}_s\otimes\Lambda)\\&+h(b^T\otimes I_{2d})\boldsymbol{\Theta}(I_{2ds}-h(A\otimes I_{2d})(\mathbf{1}_s\otimes\boldsymbol{\Theta}))^{-1}h(A\otimes I_{2d})(\mathbf{1}_s+\Lambda)\end{aligned} \tag{5-71}$$

进一步整理可得：

$$\boldsymbol{y}_{n+1}=\boldsymbol{\Gamma}\boldsymbol{y}_n+\Upsilon \tag{5-72}$$

其中：

$$\Gamma=I_{2ds}+h((b^T\otimes I_{2d})(\mathbf{1}_s\otimes\boldsymbol{\Theta}))(I_{2ds}-h(A\otimes I_{2d})(\mathbf{1}_s\otimes\boldsymbol{\Theta}))^{-1}(\mathbf{1}_s\otimes I_{2d}) \tag{5-73}$$

因为考虑的是 A-稳定的隐式 Runge-Kutta 方法，根据积分器的 A-稳定性概念可知矩阵 Γ 谱范数满足 $\rho(\Gamma)<1$，由此可知算法（5-68）、(5-69）是收敛的。当 $f(x)$ 是其他非线性函数时，可以进行类似的分析，这里不再赘述。

下面分析该算法的收敛速度。如果步长 h 满足命题 5.2 中的条件，那么由式（5-49）中 Lyapunov 函数的定义可以得到：

$$f(x_N)-f(x^*)\leqslant\frac{\varepsilon(\boldsymbol{y}_N)}{t_N^p}\leqslant\left(1-\frac{hp}{2C'(t_0+1)}\right)^N\frac{1}{(1+Nh)^p}\varepsilon_0^2 \tag{5-74}$$

特别地，如果选取步长 $h=\left(\dfrac{\varepsilon_0^2}{C_p(q+1)^2}\right)^{\frac{1}{q}}\dfrac{1}{(\varepsilon_0+L+1)^{1+\frac{2}{q}}}$，易知 h 满足如下不等式：

$$h\leqslant\left(\frac{1}{4C'}\frac{\varepsilon_0^2}{C_p(t_0+1)^p(q+1)^2}\right)^{\frac{1}{q}}\frac{1}{(\varepsilon_0+L+1)^{1+\frac{2}{q}}} \tag{5-75}$$

进而可得：

$$f(x_N)-f(x^*)\leqslant\left[1-\frac{p}{2C'(t_0+1)}\cdot\frac{1}{4}\left(\frac{\varepsilon_0^2}{C_p(q+1)^2}\right)^{\frac{1}{q}}\frac{1}{(\varepsilon_0+L+1]^{1+\frac{2}{q}}}\right]^N$$

$$\cdot N^{-p}\cdot 4^p\left(\frac{C_p(q+1)^2}{\varepsilon_0^2}\right)^{\frac{p}{q}}(\varepsilon_0+L+1)^{2p}\varepsilon_0^2 \tag{5-76}$$

简便起见定义如下记号：

$$\widetilde{C}=4^p\varepsilon_0^2\left(\frac{C_p(q+1)^2}{\varepsilon_0}\right)^{\frac{p}{q}}(\varepsilon_0+L+1)^{2p},$$

$$C=\frac{p}{8C'(t_0+1)}\cdot\frac{1}{(\varepsilon_0+L+1)^{1+\frac{2}{q}}}\left(\frac{\varepsilon_0^2}{C_p(q+1)^2}\right)^{\frac{1}{q}} \tag{5-77}$$

那么不等式（5-76）可以简写为：

$$f(x_N)-f(x^*)\leqslant\widetilde{C}(1-C)^N N^{-p} \tag{5-78}$$

其中 $\widetilde{C}$ 和 C 分别都是依赖于 p 和 q 的常数。

更进一步，当取 $\varepsilon_0=L$ 时，那么可得常数 C 满足如下不等式：

$$C\geqslant\frac{\mu p}{8\cdot 48(t_0+1)}\cdot\frac{1}{(2L+1)^{1+\frac{2}{q}}}\left(\frac{L^2}{C'_p(q+1)^2}\right)^{\frac{1}{q}}$$

$$\geqslant\frac{\mu p}{8\cdot 48(t_0+1)}\cdot\frac{\mu}{2L+1}\left(\frac{L}{2L+1}\right)^{\frac{2}{q}}\cdot\left(\frac{1}{C_p(q+1)^2}\right)^{\frac{1}{q}}$$

$$\geqslant\widetilde{C}_{p,q}\cdot\frac{\mu}{L}, \tag{5-79}$$

其中最后一个不等式由 $L\geqslant 1$ 得到。此时由式（5-78）可得：

$$f(x_N)-f(x^*)\leqslant\widetilde{C}\left(1-\widetilde{C}_{p,q}\cdot\frac{\mu}{L}\right)^N N^{-p} \tag{5-80}$$

其中 $\widetilde{C}_{p,q}=\frac{p}{3600(t_0+1)}\left(\frac{1}{C_p(q+1)^2}\right)^{\frac{1}{q}}$ 由 p 和 q 决定。证毕。

值得注意的是，从式（5-78）可以看出当迭代次数 N 趋于无穷大时，$\left(1-\widetilde{C}_{p,q}\cdot\frac{\mu}{L}\right)^N$ 是比 N^{-p} 高阶的无穷小量，表明了算法的最终收敛速度主要是由 $\left(1-\widetilde{C}_{p,q}\cdot\frac{\mu}{L}\right)^N$ 决定。根据定理 5.2 中的收敛性结果可以看出，一方面，当 p 固定时，步长 h 与 q 成正相关，随着 q 递增，那么步长 h 可以在更大的范围内取值。

另一方面，当 q 固定时，步长 h 与 p 呈负相关，随着 p 的增大则步长 h 只能在较小的范围内取值。此外，根据式（5-78）中的 $\widetilde{C}_{p,q}$ 可知，这里 $\widetilde{C}_{p,q}$ 与 q 是正相关的，q 的增加可以加速算法的收敛。相反地，$\widetilde{C}_{p,q}$ 与 p 呈负相关，p 的增加会降低算法的收敛速度。

5.2.2 导数的有界性

本小节给出用于证明命题5.2的几个关键引理，给出 $\varphi_h(\boldsymbol{y}_0)$ 和 $\Phi_h(\boldsymbol{y}_0)$ 的关于 h 的导数的有界性。

引理 5.5

对于状态变量 $\boldsymbol{y}=[v;\ x]$。当假设5.1成立时，那么对任意的 $n=1,\ \cdots,\ q+1$，都有如下不等式成立：

$$\left\|\frac{\mathrm{d}^n\varphi_h(\boldsymbol{y}_0)}{\mathrm{d}h^n}\right\|\leqslant C_0(\varepsilon_0+L+1)^n \tag{5-81}$$

$$\left\|\frac{\mathrm{d}^n\Phi_h(\boldsymbol{y}_0)}{\mathrm{d}h^n}\right\|\leqslant C_1(\varepsilon_0+L+1)^n+C_1'(\varepsilon_0+L+1)^{n-1} \tag{5-82}$$

式中，常数 C_0、C_1 和 C_1' 都由 p 和 q 以及所选用的 Runge-Kutta 积分器决定。

证明

注意到的微分方程式（5-13）中的 $\boldsymbol{F}$：$\mathbb{R}^{2d}\to\mathbb{R}^{2d}$ 是一个向量值的多元函数。用 $\nabla^i\boldsymbol{F}(\boldsymbol{y})$ 表示其 i-阶导数，它是一个维度为 $(2d)_1\times\cdots\times(2d)_{i+1}$ 的张量。根据多元函数的连续性和 Schwartz 定理知张量是对称的。为了书写方便，后文中用 $\nabla^i\boldsymbol{F}$ 来表示 $\nabla^i\boldsymbol{F}(\boldsymbol{y})$，且有 $\boldsymbol{y}^{(i)}=\boldsymbol{F}^{(i-1)}(\boldsymbol{y})=\frac{\mathrm{d}^i\boldsymbol{y}}{\mathrm{d}t^i}$，注意 $\boldsymbol{F}^{(i-1)}(\boldsymbol{y})$ 是一个向量，可得：

$$\begin{aligned}
&\boldsymbol{y}^{(1)}=\boldsymbol{F}\\
&\boldsymbol{y}^{(2)}=\boldsymbol{F}^{(1)}=\nabla\boldsymbol{F}(\boldsymbol{F})\\
&\boldsymbol{y}^{(3)}=\boldsymbol{F}^{(2)}=\nabla^2\boldsymbol{F}(\boldsymbol{F},\ \boldsymbol{F})+\nabla\boldsymbol{F}(\nabla\boldsymbol{F}(\boldsymbol{F}))\\
&\boldsymbol{y}^{(4)}=\boldsymbol{F}^{(3)}=\nabla^3\boldsymbol{F}(\boldsymbol{F},\ \boldsymbol{F},\ \boldsymbol{F})+3\nabla^2\boldsymbol{F}(\nabla\boldsymbol{F}(\boldsymbol{F}),\ \boldsymbol{F})+\nabla\boldsymbol{F}(\nabla^2\boldsymbol{F}(\boldsymbol{F},\ \boldsymbol{F}))\\
&\qquad\qquad+\nabla\boldsymbol{F}(\nabla\boldsymbol{F}(\nabla\boldsymbol{F}(\boldsymbol{F})))
\end{aligned} \tag{5-83}$$

这里导数 $\nabla^i\boldsymbol{F}(\boldsymbol{y})$ 可视为线性映射 $\nabla^i\boldsymbol{F}$：$\mathbb{R}^{2d}\times\cdots\times\mathbb{R}^{2d}\to\mathbb{R}^{2d}$，$\nabla^2\boldsymbol{F}(\boldsymbol{F}_1,\ \boldsymbol{F}_2)$ 是将 $\boldsymbol{F}_1$ 和 $\boldsymbol{F}_2$ 作用到 European 空间 $\mathbb{R}^{2d}$ 的映射。

由于枚举表达式是冗长乏味的，这里的目标是用初等微分简明地表示它们，这些微分在4.1.3章节中进行了总结（更多细节请参见文献［108］中的第

3.1 章)。

首先通过显式计算 $\nabla^i \boldsymbol{F}$ 中的元素找到它的界，记 $a(t)=-p^2(t+1)^{p-2}$ 和 $b(t)=-\dfrac{2p+1}{t+1}$，根据式（5-13）可得：

$$\frac{\partial^k \boldsymbol{F}}{\partial t^k}=[b^{(k)}(t)v+a^{(k)}(t)\nabla f(x),\ \boldsymbol{0}_d]^T,\ \frac{\partial^{k+1}\boldsymbol{F}}{\partial v\partial t^k}=[b^{(k)}(t)\boldsymbol{1}_d,\ \boldsymbol{0}_d]^{\mathrm{T}} \tag{5-84}$$

$$\frac{\partial^i \boldsymbol{F}}{\partial x^i}=[a(t)\nabla^{i+1}f(x),\ \boldsymbol{0}_d]^T,\ \frac{\partial^{k+i}\boldsymbol{F}}{\partial x^i\partial t^k}=[a^{(k)}(t)\nabla^{i+1}f(x),\ \boldsymbol{0}_d]^T \tag{5-85}$$

$$\frac{\partial \boldsymbol{F}}{\partial v}=[b(t)\boldsymbol{1}_d,\ \boldsymbol{1}_d]^T,\ \frac{\partial^j F}{\partial v^j}=\boldsymbol{0}_{2d},\ j\geqslant 2,\ \frac{\partial^{i+j}\boldsymbol{F}}{\partial v^j\partial x^i}=\boldsymbol{0}_{2d} \tag{5-86}$$

式中：$\boldsymbol{1}_d\in\mathbb{R}^d$ 和 $\boldsymbol{0}_d\in\mathbb{R}^d$，$\boldsymbol{0}_{2d}\in\mathbb{R}^{2d}$ 分别表示分量全为 1 和 0 的向量。那么对于任意的向量 $\boldsymbol{y}=[v;\ x]$，可以证明 $\nabla^n\boldsymbol{F}$ 的范数满足如下不等式：

$$\|\nabla^n\boldsymbol{F}(\boldsymbol{F}_1,\ \cdots,\ \boldsymbol{F}_n)\|\leqslant c_{n,\ p}\frac{(\varepsilon_0+L+1)^n}{t_0+1} \tag{5-87}$$

式中：$c_{n,\ p}$ 为由 n 和 p 决定的常数。

下面继续推到高阶导数的界，由引理 5.2 可得：

$$\left\|\frac{\mathrm{d}^n\varphi_h(\boldsymbol{y}_0)}{\mathrm{d}h^n}\right\|=\|\boldsymbol{F}^{(n-1)}(\varphi_h(\boldsymbol{y}_0))\|=\left\|\sum_{|\tau|=n}\alpha(\tau)\boldsymbol{F}(\tau)(\varphi_h(\boldsymbol{y}_0))\right\| \tag{5-88}$$

因此存在关于 n 和 p 的常数 C，使得：

$$\left\|\frac{\mathrm{d}^n\varphi_h(\boldsymbol{y}_0)}{\mathrm{d}h^n}\right\|\leqslant\frac{C_0(\varepsilon_0+L+1)^n}{t_0+1}\leqslant C_0(\varepsilon_0+L+1)^n \tag{5-89}$$

同样的由引理 5.3 可得如下：

$$\frac{\mathrm{d}^n\Phi_h(\boldsymbol{y}_0)}{\mathrm{d}h^n}=\sum_{i=1}^{s}b_i\left[h\frac{\mathrm{d}^n\boldsymbol{F}(z_i)}{\mathrm{d}h^n}+n\frac{\mathrm{d}^{n-1}\boldsymbol{F}(z_i)}{\mathrm{d}h^{n-1}}\right] \tag{5-90}$$

因此，$\dfrac{\mathrm{d}^n\boldsymbol{F}(z_i)}{\mathrm{d}h^n}$ 与 $\boldsymbol{F}^{(n)}(\boldsymbol{y})$ 具有相同的递归树结构，除了需要将表达式中的所有 $\boldsymbol{F}$ 替换为 $\dfrac{\mathrm{d}z_i}{\mathrm{d}h}$ 以及将所有 $\boldsymbol{F}^{(n)}(\boldsymbol{y})$ 替换为 $\nabla^n\boldsymbol{F}(z_i)$。

由定义 5.1 可知：

$$\left\|\frac{\mathrm{d}z_{i1}}{\mathrm{d}h}\right\|\leqslant\sum_{j=1}^{s}|a_{ij}|\cdot\frac{\hat{c}_1(\varepsilon_0+L+1)}{(t_0+1)^2} \tag{5-91}$$

$$\left\|\frac{\mathrm{d}z_{i2}}{\mathrm{d}h}\right\|\leqslant\sum_{j=1}^{s}|a_{ij}|\cdot\frac{p+1}{t_0+1}\cdot\hat{c}_2(\varepsilon_0+1) \tag{5-92}$$

$$\left\|\frac{\mathrm{d}z_{i1}}{\mathrm{d}h}\right\| \leqslant \left|\sum_{i=1}^{s} a_{ij}\right| \tag{5-93}$$

因为 $\|\nabla^n \boldsymbol{F}(z_i)\|$ 与 $\|\nabla^n \boldsymbol{F}(\boldsymbol{y})\|$ 具有相同的界，因此可以得到 $\left\|\frac{\mathrm{d}^n \boldsymbol{F}(z_i)}{\mathrm{d}h^n}\right\|$ 与 $\left\|\frac{\mathrm{d}^n \varphi_h(\boldsymbol{y}_0)}{\mathrm{d}h^n}\right\|$ 具有同样参数有界性，且该上界是一个由积分器决定的常数，从而得出如下结论：

$$\begin{aligned}\left\|\frac{\mathrm{d}^n \Phi_h(\boldsymbol{y}_0)}{\mathrm{d}h^n}\right\| &= \frac{C_1(\varepsilon_0 + L + 1)^n + C'_1(\varepsilon_0 + L + 1)^{n-1}}{t_0 + 1} \\ &\leqslant C_1(\varepsilon_0 + L + 1)^n + C'_1(\varepsilon_0 + L + 1)^{n-1}\end{aligned} \tag{5-94}$$

式中：常数 C_1 和 C'_1 由 n 和 p 以及积分器决定。证毕。

引理 5.6

对任意 $n \geqslant 1$ 有：

$$\|\nabla^n \varepsilon(\boldsymbol{y})\| \leqslant C_p(t_0 + 1)^p(\varepsilon_0 + L + 1) \tag{5-95}$$

式中：C_p 和是一个关于 p 的常数。

证明

通过如下显式计算 $\frac{\partial^n \varepsilon}{\partial v^n}$、$\frac{\partial^n \varepsilon}{\partial x^n}$ 和 $\frac{\partial^n \varepsilon}{\partial t^n}$ 可得 $\nabla^n \varepsilon(\boldsymbol{y})$ 满足如下不等式：

$$\begin{aligned}\|\nabla^n \varepsilon(\boldsymbol{y})\| \leqslant &\left\|\frac{\partial^n \varepsilon}{\partial v^n}\right\| + \left\|\frac{\partial^n \varepsilon}{\partial x^n}\right\| + \left\|\frac{\partial^n \varepsilon}{\partial t^n}\right\| \\ &+ \sum_{l=1}^{p}\left(\left\|\frac{\partial^n \varepsilon}{\partial t^l \partial x^{n-l}}\right\| + \left\|\frac{\partial^n \varepsilon}{\partial t^l \partial v^{n-l}}\right\| + \left\|\frac{\partial^n \varepsilon}{\partial v^l \partial x^{n-l}}\right\|\right)\end{aligned} \tag{5-96}$$

首先当 $n > p$ 时由 ε 的定义可得：

$$\begin{aligned}\|\nabla^n \varepsilon\| &\leqslant \sum_{l=0}^{p}\left\|\frac{\partial^n \varepsilon}{\partial t^l \partial x^{n-l}}\right\| \\ &\leqslant \sum_{l=0}^{p}\frac{p!}{(p-l)!}(t+1)^{p-l}\|\nabla^{n-l} f(x)\| \\ &\leqslant \sum_{l=0}^{p}\frac{p!}{(p-l)!}(t+1)^{p-l} \cdot L \\ &\leqslant (t+1)^p \cdot L \cdot (p+1)!\end{aligned} \tag{5-97}$$

式中：第三个不等式用到了 $\|\nabla^i f(x)\| \leqslant L$。因为 $t + 1 \leqslant c_1(t_0 + 1)$ 则有：

$$\|\nabla^n \varepsilon\| \leqslant c_1^p(t_0 + 1)^p \cdot L \cdot (p+1)! \leqslant \hat{C}_p(t_0 + 1)^p(\varepsilon_0 + L + 1) \tag{5-98}$$

式中：$\hat{C}_p = (p+1)!\, c_1^p$ 依赖于 p。

类似地，当 $n \leqslant p$ 时可以得到类似的界，即：

$$\|\nabla^n \varepsilon\| \leqslant \bar{C}_p (t_0 + 1)^p (\varepsilon_0 + L + 1) \tag{5-99}$$

式中：常数 $\bar{C}_p$ 依赖于 p 和 n，记 $C_p = \max\{\hat{C}_p, \bar{C}_p\}$，由此完成引理的证明。

引理 5.7

对任意 $n > 1$ 有：

$$\left\|\frac{\mathrm{d}^n \varepsilon(\varphi_h(\boldsymbol{y}_0))}{\mathrm{d}h^n}\right\| = C_{p,n}(\varepsilon_0 + L + 1)^{n+1} \tag{5-100}$$

式中：$C_{p,n}$ 是关于 p 和 n 的常数。

证明

由链式法则可得：

$$\frac{\mathrm{d}^n \varepsilon(\varphi_h(\boldsymbol{y}_0))}{\mathrm{d}h^n} = \sum_{k_1,\cdots,k_n} \frac{n!}{k_1!\cdots k_n!} \cdot \nabla^n \varepsilon(\boldsymbol{y}) \cdot \prod_{i=1}^{n} \left(\frac{\mathrm{d}^n \varphi_h(\boldsymbol{y}_0)}{\mathrm{d}h^i} \frac{1}{i!}\right)^{k_i} \tag{5-101}$$

其中求和是关于 $\{k_1, \cdots, k_n \in \mathbb{Z}_{\geqslant 0} \mid \sum_{i=1}^{n} i \cdot k_i = n\}$ 和 $k = \sum_{i=1}^{n} k_i$ 的。

然后由引理 5.5 可得：

$$\left\|\frac{\mathrm{d}^q \varphi_h(\boldsymbol{y}_0)}{\mathrm{d}h^q}\right\| \leqslant C_0(\varepsilon_0 + L + 1)^n \tag{5-102}$$

由引理 5.6 以及 $\|\nabla^n \varepsilon\| \leqslant C_p (t_0 + 1)^p (\varepsilon_0 + L + 1)$，有：

$$\begin{aligned} &\left\|\frac{\mathrm{d}^n \varepsilon(\varphi_h(y_0))}{\mathrm{d}h^n}\right\| \\ &= C_p (t_0 + 1)^p (\varepsilon_0 + L + 1)^{n+1} \cdot \sum_{k_1,\cdots,k_n} \frac{n!}{k_1!\cdots k_n!} \cdot \frac{1}{(1!)^{k_1}(2!)^{k_2}\cdots(n!)^{k_n}} \cdot \frac{1}{(t_0 + 1)^k} \\ &\leqslant C_{p,n}(\varepsilon_0 + L + 1)^{n+1} \end{aligned} \tag{5-103}$$

式中：$C_{p,n} = C_p n^2 (t_0 + 1)^p$ 是一个正常数。证毕。

引理 5.8

对任意 $n > 1$ 有：

$$\left\|\frac{\mathrm{d}^n \varepsilon(\Phi_h(\boldsymbol{y}_0))}{\mathrm{d}h^n}\right\| = C'_{p,n}(\varepsilon_0 + L + 1)^{n+1} \tag{5-104}$$

式中：$C'_{p,n}$ 与引理 5.7 中 $C_{p,n}$ 相类似。

证明

这个证明类似于引理 5.7，不同之处在于这里使用的是式（5-82）中关于轨迹曲线高阶导数的有界性，而非式（5-81）。由链式法则可得：

$$\frac{\mathrm{d}^n \boldsymbol{\varepsilon}(\Phi_h(\boldsymbol{y}_0))}{\mathrm{d}h^n}=\sum_{k_1,\cdots,k_n}\frac{n!}{k_1!\cdots k_n!}\cdot\nabla^n\boldsymbol{\varepsilon}(\boldsymbol{y})\cdot\prod_{i=1}^{n}\left(\frac{\mathrm{d}^n\Phi_h(\boldsymbol{y}_0)}{\mathrm{d}h^i}\frac{1}{i!}\right)^{k_i} \tag{5-105}$$

进一步，由式（5-82）可得：

$$\begin{aligned}\prod_{i=1}^{n}\left(\frac{\mathrm{d}^n\Phi_h(\boldsymbol{y}_0)}{\mathrm{d}h^i}\frac{1}{i!}\right)^{k_i}&\leqslant\prod_{i=1}^{n}\left(\frac{C_1(\varepsilon_0+L+1)^n+hC_1'(\varepsilon_0+L+1)^{n-1}}{t_0+1}\frac{1}{i!}\right)^{k_i}\\&=\frac{1}{(1!)^{k_1}(2!)^{k_2}\cdots(n!)^{k_n}}\cdot\frac{(\varepsilon_0+L+1)^{k_1+2k_2+\cdots+nk_n}}{(t_0+1)^{k_1+k_2+\cdots+k_n}}\\&=\frac{1}{(1!)^{k_1}(2!)^{k_2}\cdots(n!)^{k_n}}\cdot\frac{(\varepsilon_0+L+1)^n}{(t_0+1)^k}\end{aligned} \tag{5-106}$$

由引理5-6及 $\|\nabla^n\varepsilon\|\leqslant C_p(t_0+1)^p(\varepsilon_0+L+1)$ 可得：

$$\begin{aligned}&\frac{\mathrm{d}^n \boldsymbol{\varepsilon}(\Phi_h(\boldsymbol{y}_0))}{\mathrm{d}h^n}\\&=C_p'(t_0+1)^p(\varepsilon_0+L+1)\cdot\sum_{k_1,\cdots,k_n}\frac{n!}{k_1!\cdots k_n!}\cdot\frac{1}{(1!)^{k_1}(2!)^{k_2}\cdots(n!)^{k_n}}\cdot\frac{1}{(t_0+1)^k}\\&\leqslant C_{p,n}'(\varepsilon_0+L+1)^{n+1}\end{aligned} \tag{5-107}$$

式中：$C_{p,n}'=C_p'n^2(t_0+1)^p$ 是一个常数。证毕。

5.3 算法 D-ImRK 设计与分析

为了从分布式的视角解决式（5-1）的问题，本节进一步提出隐式 Runge-Kutta 加速分布式优化算法（distributed implicit Runge-Kutta，D-ImRK）。首先给每个节点 i 分配局部决策变量 x_i，所有节点共同目标是利用其局部信息最小化全局目标函数，与此同时确保其局部决策变量等于其邻居的决策变量。那么问题（5.1）可以等价转化为如下约束优化问题：

$$\min_{x\in\mathbb{R}^d}F(x)=\sum_{i=1}^{n}f_i(x),\ \text{s.t.},\ x_i=x_j,\ \forall i,j=1,\cdots,n \tag{5-108}$$

下面通过定义 $\mathrm{x}=[x_1^T,\cdots,x_n^T]^T\in\mathbb{R}^{nd}$ 为局部决策变量 x_i 的串联来简化问题式

(5–108)，此外定义 $F(\mathrm{x})$：$\mathbb{R}^{nd}\to\mathbb{R}^{nd}$ 为所有局部目标函数之和 $F(\mathrm{x})=\sum_{i=1}^{n}f_i(x_i)$，定义矩阵 $W\in\mathbb{R}^{n\times n}$ 作为无向连通图 G 的权重矩阵。由文献［109］，可以很容易地验证约束条件 $x_1=x_2=\cdots=x_n$ 等价于 $\boldsymbol{W}\mathrm{x}=\mathrm{x}$，其中 $\boldsymbol{W}=W\otimes I_{\mathrm{d}}\in\mathbb{R}^{nd\times nd}$。通过合并这些定义，式（5–108）可以写成如下形式：

$$\min_{\mathrm{x}\in\mathbb{R}^{nd}}F(\mathrm{x})=\sum_{i=1}^{n}f_i(x_i),\ \text{s.t.},\ \boldsymbol{W}\mathrm{x}=\mathrm{x}\tag{5-109}$$

由于不可能以分布式方式投影到矩阵 $(W-I_n)\otimes I_d$ 的零空间，要解决原始域中的问题式（5–109），可以最小化其惩罚版本；然而，这种方法会收敛到最优解的一个邻域，其半径与惩罚参数成比例［40］。设计具有精确收敛性的方法的一种方法是在对偶域中求解问题式（5–109），这项工作中的目标是求解其对偶问题，离散其相应的分布式二阶常微分方程，其中对偶问题定义如下：

$$\min_{\mathrm{y}\in\mathbb{R}^{nd}}G(\mathrm{y})\tag{5-110}$$

注意到该优化问题与原始问题不同，对偶问题是无约束的，其中 $G(y)$ 定义如下：

$$G(\mathrm{y})=\max_{\mathrm{x}\in\mathbb{R}^{nd}}\{\langle\mathrm{y},\ ((W-I_n)\otimes I_d)\mathrm{x}\rangle-F(\mathrm{x})\}\tag{5-111}$$

此外，由 KKT 条件则对偶函数的梯度由下式给出：

$$\nabla G(\mathrm{y})=((W-I_n)\otimes I_d)\mathrm{x}^*(((W-I_n)\otimes I_d)\mathrm{y})\tag{5-112}$$

其中：

$$\mathrm{x}^*(\mathrm{z})=\arg\max_{\mathrm{x}\in\mathbb{R}^{nd}}\{\langle\mathrm{z},\ \mathrm{x}\rangle-F(\mathrm{x})\}\tag{5-113}$$

并且有：

$$\nabla F(\mathrm{x}^*(((W-I_n)\otimes I_d)\mathrm{y}))=((W-I_n)\otimes I_d)\mathrm{y}\tag{5-114}$$

记 x^* 为问题式（5–109）的最小值点，一方面对给定的 $((W-I_n)\otimes I_d)\mathrm{y}$，用 $\mathrm{x}^*(((W-I_n)\otimes I_d)\mathrm{y})$ 表示式（5–113）的解。特别地，$\mathrm{x}^*(0)=\arg\max_{\mathrm{y}\in\mathbb{R}^{nd}}\{-F(\mathrm{y})\}$。注意到对偶函数是凸的，由于强对偶性质可知对偶间隙为零，记对偶问题有解 y^*（例如文献［109］中命题 6.4.2），且有 $\mathrm{x}^*=\mathrm{x}^*(((W-I_n)\otimes I_d)y^*)$ 成立。进一步可得：

$$\nabla^2G(\mathrm{y})=((W-I_n)\otimes I_d)\nabla_y\mathrm{x}^*\tag{5-115}$$

$$\nabla^2F(\mathrm{x}^*)\nabla_{\mathrm{y}}\mathrm{x}^*=(W-I_n)\otimes I_d\tag{5-116}$$

根据原始函数的强凸性事实可知，Hessian 矩阵可逆且有不等式 $\dfrac{I_{nd}}{L}\preccurlyeq\nabla^2F(\mathrm{x}^*)\preccurlyeq$

$\frac{I_{nd}}{\mu}$，因此对偶函数的二阶导函数为：

$$\nabla^2 G(\mathrm{y}) = ((W - I_n) \otimes I_d)[\nabla^2 F(\mathrm{x}^*)]^{-1}((W - I_n) \otimes I_d) \tag{5-117}$$

注 5.3

为了计算对偶函数梯度 $\nabla G(\mathrm{y})$ 需要求解凸优化，在许多情况下这个子问题要么有一个封闭形式的解决方案，要么可以有效地解决，如果可以显式（或有效计算的）求解出 $\mathrm{x}^*(\mathrm{z})$ 的函数被称为可接受或对偶友好地[111]。

根据函数 $F(\cdot)$ 的可微性及其强凸性可以证明对偶函数 $G(\cdot)$ 是可微的，当函数 $F(\mathrm{x})$ 在 $\mathrm{x}^*(((W - I_n) \otimes I_d)\mathrm{y})$ 处是 μ -强凸且 q -次可微时，则有对偶函数 $G(\mathrm{y})$ 在 y 处是 q-次可微和 $\frac{\sigma}{\mu}$ -光滑的，其中 μ 是矩阵 W 的第二大特征值。并且 $G(\mathrm{y})$ 在空间 $\ker((W - I_n))^{\perp}$ 上是 μ_G -强凸的，其中 $\mu_G = \frac{\lambda_{\min}^{+}}{L}$，$\lambda_{\min}^{+}$ 是矩阵 $(W - I_n) \otimes I_d$ 的最小非零特征值，参见文献［97］中引理 1，文献［112］中引理 3.1，文献［113］中命题 12.60，文献［114］中定理 1，文献［115］中定理 6。

那么根据前文中（5-12）的推导方式，类似地可以得到关于问题式（5-110）的微分方程如下式所示：

$$\ddot{\mathrm{y}} + \frac{2p+1}{t+1}\dot{\mathrm{y}} + 4c'p^2(t+1)^{p-2}\nabla G(\mathrm{y}) = \mathbf{0}_{nd} \tag{5-118}$$

记 $\mathrm{s} = [\mathrm{u};\ \mathrm{y}] \in \mathbb{R}^{2nd}$ 和 $\mathrm{u} = \dot{\mathrm{y}}$，并选择 $c' = \frac{1}{4}$，则上式可以写为如下一阶微分方程：

$$\dot{\mathrm{s}} = \begin{bmatrix} -\frac{2p+1}{t+1}\mathrm{u} + p^2(t+1)^{p-2}\nabla G(y) \\ \mathrm{u} \end{bmatrix} := \boldsymbol{G}(\mathrm{s}) \tag{5-119}$$

记 $\boldsymbol{G}_{\mathrm{u}} = -\frac{2p+1}{t+1}\mathrm{u} - p^2(t+1)^{p-2}\nabla G(\mathrm{y})$ 和 $\boldsymbol{G}_{\mathrm{y}} = \mathrm{u}$，进而 $\boldsymbol{G} = [\boldsymbol{G}_{\mathrm{u}},\ \boldsymbol{G}_{\mathrm{y}}]^T$。

本节提出的加速分布式优化算法 D-ImRK 的伪代码总结在如下算法 5.2 中。

算法 5.2　算法 D-ImRK，计算 $\{\mathbf{y}_k\}_{k=1}^{N}$

（1）L 是假设 5.1 中的常数。

（2）选择在任意初始时刻 $t_0 \geq 0$ 的初始状态 $s_0 = [\mathbf{0}_d;\ \mathrm{y}_0] \in \mathbb{R}^{2d}$ 以及 $\varepsilon'_0 = \varepsilon'(\mathrm{s}_0)$，离散步长 $h' = \frac{1}{4}\left(\frac{\varepsilon_0'^2}{C'_p(q+1)^2}\right)^{\frac{1}{q}} \frac{1}{(\varepsilon'_0 + L + 1)^{1+2/q}}$，其中 $C'_p = c_1'^p(p +$

1)! ，并且 c_1' 是某常数。

(3) $\mathrm{y}_k \leftarrow s$ -级 q -阶隐式 Runge-Kutta 积分器 ($\boldsymbol{G}$, y_0, k, h') ,%其中 $\boldsymbol{G}$ 是式（5-119）中所定义的微分方程。

(4) 输出 y_k。

类似地，可以得到如下关于算法 D-ImRK 的收敛性。

定理 5.3

对于微分方程式（5-119），当函数 f 满足假设 5.1 和假设 5.2 时，考虑算法 D-ImRK，记 N 是迭代的总数，y_0 是任意初值条件，选择适当的常数 $\varepsilon_0' = \dfrac{\sigma}{\mu} > 0$ 和 C_p'，选择步长 $h' = \dfrac{1}{4}\left(\dfrac{{\varepsilon_0'}^2}{C_p'(q+1)^2}\right)^{\frac{1}{q}} \dfrac{1}{(\varepsilon_0' + L + 1)^{1+2/q}}$，那么算法 5.2 经过 N 次迭代后得到的对偶变量序列 $\{\mathrm{y}_k\}_{k=1}^N$，其中 y_N 满足如下不等式：

$$G(\mathrm{y}_N) - G(\mathrm{y}^*) \leqslant \widetilde{C}'\left(1 - \widetilde{C}_{p,q}' \cdot \frac{\mu}{L} \cdot \frac{\lambda_{\min}^+}{\sigma}\right)^N N^{-p} \tag{5-120}$$

其中 $\widetilde{C}'$ 以及 $\widetilde{C}_{p,q}'$ 是与定理 5.2 中 $\widetilde{C}$ 以及 $\widetilde{C}_{p,q}$ 相类似的常数。此外，对应于迭代 y_N 的原始变量 $\mathrm{x}_N = \mathrm{x}^*(((W - I_n) \otimes I_d)\mathrm{y}_N)$，满足如下不等式：

$$\|\mathrm{x}_N - \mathrm{x}^*\| \leqslant \frac{2\widetilde{C}'}{\mu}\left(1 - \widetilde{C}_{p,q}' \cdot \frac{\mu}{L} \cdot \frac{\lambda_{\min}^+}{\sigma}\right)^N N^{-p} \tag{5-121}$$

证明

由定理 5.2 可得：

$$G(\mathrm{y}_N) - G(\mathrm{y}^*) \leqslant \widetilde{C}'\left(1 - \widetilde{C}_{p,q}' \cdot \frac{\lambda_{\min}^+ \mu}{\sigma L}\right)^N N^{-p} \tag{5-122}$$

根据对偶函数的定义式（5-111），以及 $\mathrm{x}_k = \mathrm{x}^*(((W - I_n) \otimes I_d)\mathrm{y}_k)$ 则易知：

$$G(\mathrm{y}_N) = \langle ((W - I_n) \otimes I_d)\mathrm{y}_N, \mathrm{x}_N \rangle - F(\mathrm{x}_N) \tag{5-123}$$

$$G(\mathrm{y}^*) = \langle ((W - I_n) \otimes I_d)\mathrm{y}^*, \mathrm{x}^* \rangle - F(\mathrm{x}^*) = -F(\mathrm{x}^*) \tag{5-124}$$

其中用到了 $((W - I_n) \otimes I_d)\mathrm{x}^* = \mathbf{0}_{2nd}$，两式相减可得：

$$\begin{aligned} G(\mathrm{y}_N) - G(\mathrm{y}^*) &= \langle ((W - I_n) \otimes I_d)\mathrm{y}_N, \mathrm{x}_N \rangle - F(\mathrm{x}_N) + F(\mathrm{x}^*) \\ &= -F(\mathrm{x}_N) + F(\mathrm{x}^*) \end{aligned} \tag{5-125}$$

其中第二个等号的成立用到了增减项原理以及 $((W - I_n) \otimes I_d)\mathrm{x}^* = \mathbf{0}_{2nd}$ 的事实。根据原始函数 $F(\mathrm{x})$ 是 μ -强凸函数的事实，以及对偶函数的梯度与原始函数梯度之间的关系式（5-112）和式（5-114），可得：

$$\begin{aligned}\|\mathrm{x}_N - \mathrm{x}^*\|^2 &\leqslant \frac{2}{\mu}(\langle \nabla F(\mathrm{x}_N), \mathrm{x}_N - \mathrm{x}^* \rangle - F(\mathrm{x}_N) + F(\mathrm{x}^*)) \\ &= \frac{2}{\mu}(\langle ((W - I_n) \otimes I_d)\mathrm{y}_N, \mathrm{x}_N - \mathrm{x}^* \rangle - F(\mathrm{x}_N) + F(\mathrm{x}^*))\end{aligned} \tag{5-126}$$

从而可得：

$$\|\mathrm{x}_N - \mathrm{x}^*\|^2 \leqslant \frac{2}{\mu}G((\mathrm{y}_N) - G(\mathrm{y}^*)) \tag{5-127}$$

由此即得：

$$\|\mathrm{x}_N - \mathrm{x}^*\| \leqslant \frac{2\widetilde{C}'}{\mu}\left(1 - \widetilde{C}'_{p,q} \cdot \frac{\lambda^+_{\min}\mu}{\sigma L}\right)^N N^{-p} \tag{5-128}$$

证毕。

5.4 算法实现与分析

本节将进行了一系列的数值实验来验证所提出的强凸函数最优化问题的有效性。首先，当 $p=2$ 时，将考虑不同目标函数下 ImRK 的有效性，并将其与梯度下降法（GD）和 Nesterov 加速梯度法（NAG）进行比较。然后基于相同的目标函数，考虑不同的 $p \geqslant 2$ 所对应的常微分方程（5-13）。对于所测试的每个方法，根据经验在 $\{10^{-k} \mid k \in Z\}$ 中选择步长，所有坐标轴都是对数—对数比例。

考虑分布式优化问题情形，验证当 p 固定时，在不同积分器下加速分布式优化算法的收敛性。理论结果表明，当 s 逐渐增大时，相应的 D-ImRK 增大 q，最终实现了算法的加速收敛。在不同的目标函数上对算法进行了仿真，并与其他算法进行了比较。选择 $n=6$ 个节点，使用 Erdos-Renyi 模型[100] 生成连通概率为 0.3 的无向图，其中权值矩阵 W 采用 Laplacian 方法[44] 选择。具体地，$W = I_n - \frac{1}{\max\limits_{i=1,\cdots,n} d_i + 1}L$，其中 d_i 是节点 i 的度，L 是图的 Laplacian 算子，其中满足当 $(i, j) \in \varepsilon$ 时 $L_{ij} = -1$，对任意 $i \in V$ 有 $L_{ii} = d_i$ 以及当节点 i 与 j 不连通时 $L_{ij} = 0$。在分布式优化问题中，各算法中 $x_i(0)$ 的都是从独立同分布的均值为 0，方差为 1 高斯分布中随机选取的。

5.4.1 目标函数

首先，验证当 p 固定时，该算法在不同积分器下的收敛性。理论结果表明，

当 s 逐渐增大时，相应的 ImRK 增大 q，最终实现了算法的加速收敛。通过对二次函数 $f_1(x)=\|Mx+H\|^2$ 的最小化，得到 $p=2$ 时的常微分方程式（5-12），即：

$$\ddot{x}+\frac{5}{t+1}\dot{x}+4\nabla f(x)=\mathbf{0}_{10} \tag{5-129}$$

式中：$M\in\mathbb{R}^{10\times10}$ 中的每一行 M_i 都是由一个独立同分布的多元高斯分布，$H\in\mathbb{R}^{10}$，的元素是从值 0 或 1 中随机选择，注意到二次目标 $f_1(x)$ 满足假设 5.1。对比算法 GD、NAG、ExRK 的收敛轨迹，以及最小化二次函数 $f_1(x)$ 的 ImRK 离散化方法，如图 5-1（a）所示。对于所提出的方法，考虑 $s=1$，2，3 时不同的 A-稳定积分器。可以观察到 GD 达到了线性收敛速度，这验证了 GD 在函数为强凸时的理论收敛速度。NAG 实现了在最优点时的局部加速，正如文献［77］所述。理论分析结果表明，当 $s\in\{1,2,3\}$ 时，算法的收敛速度为 $O\left(\left(1-\widetilde{C}_{p,q}\cdot\frac{\mu}{L}\right)^N N^{-2}\right)$，其中 $\widetilde{C}_{p,q}$ 为某常数，实现了比 $O(N^{-2})$ 更快的收敛速度。与此同时，如图 5-1（a）所示，ImRK 离散化算法的收敛速度实际上要快于 $O(N^{-2})$。

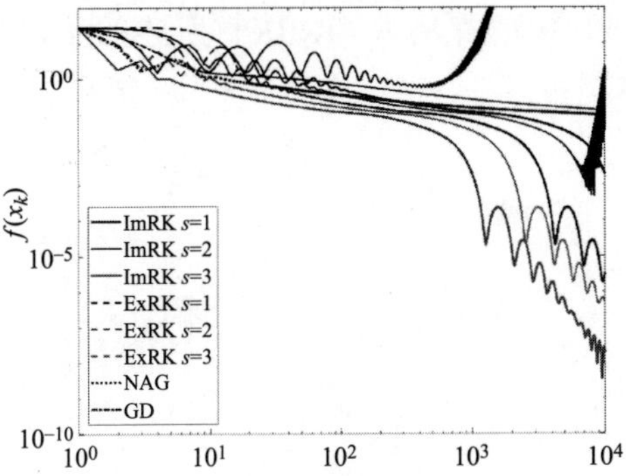

(a) 目标函数为二次函数 $f_1(x)$

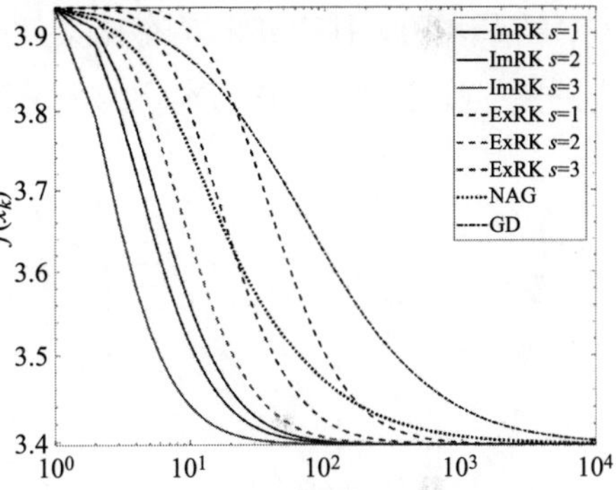

(b) 目标函数为逻辑回归函数 $f_2(x)$

图 5-1　算法 GD、NAG、ExRK 以及 s-级积分器方法 ImRK 的收敛曲线，其中 $s=1$，2，3

作为第二个例子，将考虑逻辑回归函数 $f_2(x)=\sum_{i=1}^{10}\log(1+e^{H_i x^T M_i})$，它是凸的、Lipschitz 光滑的，使用的数据集（M，H）生成方式与第一个例子相同。如前文中介绍的那样，对任意 $p\geqslant2$ 函数 $f_2(x)$ 恒满足的假设 5.1。关于函数 $f_2(x)$ 的收敛结果如图 5-1（b）所示。结果表明，方法 ImRK 比方法 ExRK 具有更快的收敛速度，这与本书的理论结果一致。首先验证了 ImRK 方法在集中式优化问题情形的有效性，下面考虑对于分布式优化问题情形的 D-ImRK。对于函数 $f_i(x)$，

同样地考虑两种情况，首先是线性回归函数 $f_i(x)$ 平方损失，即 $f_{1i}(x)=\frac{1}{m_i}\sum_{m=1}^{m_i}(\langle u_{im},\ x\rangle-v_{im})^2$ 其中 $u_{im}\in\mathbb{R}^d$（$d=1$）是数据集的特征向量，$v_{im}\in\mathbb{R}$ 是观测标签，$\{(u_{im},\ v_{im})\}$ 是节点 i 上的所有的数据样本，且生成的每个数据样本是独立的。通过对二次函数 $\bar{f}_1(x)=\|Ux-V\|^2$ 最小化，得到 $p=2$ 时的常微分方程如下所示：

$$\ddot{y}+\frac{5}{t+1}\dot{y}+4\nabla G(y)=\mathbf{0}_{10} \tag{5-130}$$

式中：$G(y)$ 是分布式优化全局目标函数的对偶函数，其中 $U\in\mathbb{R}^{10\times 10}$ 中的每一行 U_i 都是由一个独立同分布的多元高斯分布，$V\in\mathbb{R}^{10}$ 的元素是从值 0 或 1 中随机选择，注意到二次目标 $\bar{f}_1(x)$ 满足假设 5.1。

第二种情形将考虑局部损失函数为逻辑回归函数 $f_2(x)=\sum_{i=1}^{10}\log(1+e^{H_i x^T M_i})$，显然的它是凸的、Lipschitz 光滑的，使用的数据集（M，H）、连通图的结构和权重矩阵保持与分布式线性回归模型一致，如集中式优化问题中介绍的那样，对任意 $p\geq 2$ 函数 $f_2(x)$ 恒满足的假设 5.1，关于函数 $\bar{f}_2(x)$ 的收敛结果如图 5-2 所示。结果表明，D-ImRK 具有比文献［25］中的算法 1（ExRK）所述的显式方法更快的收敛速度，这与本章的理论结果一致。

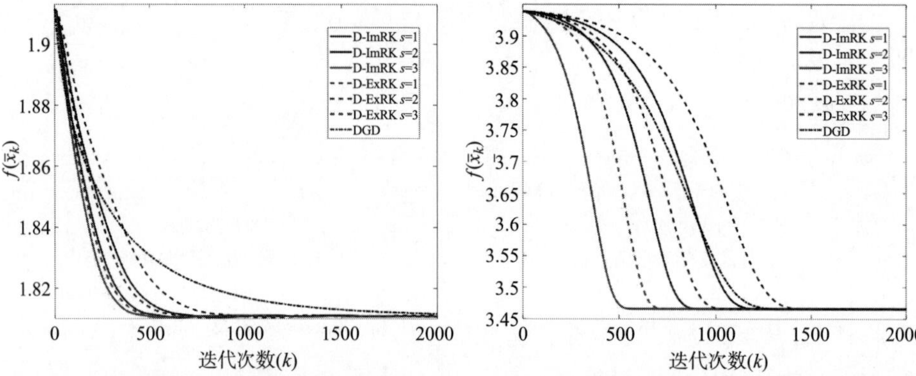

(a) 局部目标函数为二次函数的分布式优化问题 $\bar{f}_1(x)$　(b) 局部目标函数为逻辑回归函数的分布式优化问题 $\bar{f}_2(x)$

图 5-2　算法 D-ImRK 与算法 DGD、文献［25］中的算法 ExRK 对比的收敛轨迹，其中 $s=1,\ 2,\ 3$

5.4.2　不同的参数选择

对常微分方程式（5-12）进行离散化，其中这时目标函数满足当 $p\geq 2$ 时满足的假设 5.1。但是需要注意的是，对于二次目标函数 $f_1(x)$，从式（5-13）中很容易看出，当参数 p 发生变化时，微分方程可能会变成一个刚性方程。一般情形下离散算法例如显式 Runge-Kutta 方法，对于刚性问题是无效的，本书提出的 A -稳定地隐式 Runge-Kutta 方法可以有效地解决上述问题。

使用 A -稳定的 2-级 4-阶 ImRK 积分器对于所有的微分方程进行离散化，它在每次迭代中调用了两次梯度计算。特别是，使用前文中的二次目标 $f_1(x) = \|Wx + H\|^2$ 和 $f_2(x) = \sum_{i=1}^{10} \log(1 + e^{H_i x^T W_i})$。考虑最大迭代次数为 10^4 时迭代运行二次函数和逻辑回归函数的所有算法，对不同的 p 值所对应的微分方程式（5-13），采用相同的数值积分器和相同的步长，图 5.3 中总结了实验结果。对于二次目标函数，观察到当 $p = 2$ 时，ImRK 方法的收敛速度快 NAG。注意到，当 $p = 3$ 时离散方法仍然保持较快的高阶收敛速度 $O\left[\left(1 - \widetilde{C}_{p,\,q} \cdot \dfrac{\mu}{L}\right)^N N^{-3}\right]$。当 $p = 4$ 和 $p = 5$ 时，虽然离散化是稳定的，但收敛速度分别低于 $O(N^{-4})$ 和 $O(N^{-5})$，其原因是方程式（5-64）右侧中指数项 $\left(1 - \widetilde{C}_{p,\,q} \cdot \dfrac{\mu}{L}\right)^N$。

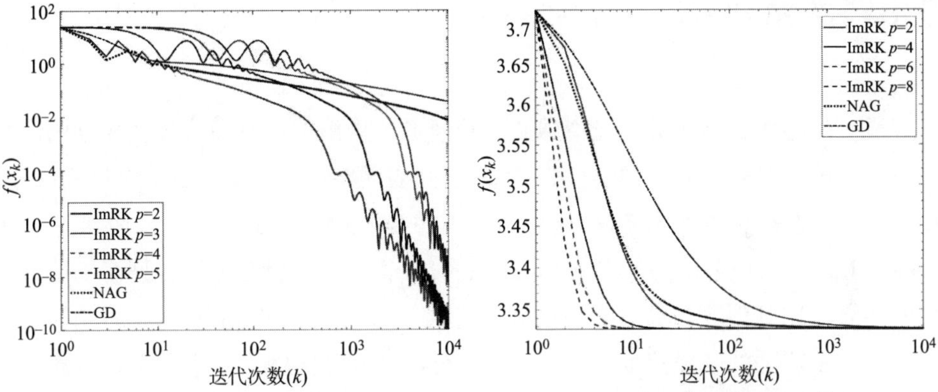

(a) 目标函数为二次函数 $f_1(x)$　　(b) 目标函数为逻辑回归函数 $f_2(x)$

图 5-3　当 $p \geqslant 2$ 时，算法 ImRK 与 NAG、GD 对比的实验结果

对算法的收敛速度起主要作用，特别是 $\widetilde{C}_{p,\,q}$ 随着 p 的增大而减小，使得收敛速度变慢。与此不同，对于逻辑回归函数 $f_2(x)$，这种现象消失了。一方面，这是因为与函数 $f_2(x)$ 对应的微分方程具有良好的属性。另一方面，这是因为使用 A -稳定地数值方法有效地抑制了发散。根据定理 5.2，当 $p = 2$ 时，可以获得比 $O(N^{-2})$ 更快的收敛速度。通过选择不同的 p 值进行实验，并将结果总结在

图 5-3（b）中。注意到当 $p \geqslant 2$ 时，ImRK 方法具有比 NAG 更快收敛速度。考虑相同情形下的分布式优化问题，结果总结在图 5-4 中，注意到当 $p \geqslant 2$ 时，D-ImRK 方法具有比 DGD 更快收敛速度。

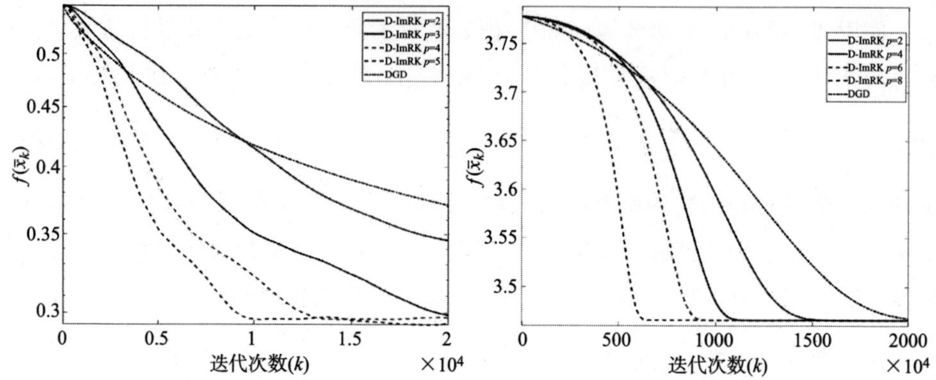

(a) 目标函数为二次函数 $\bar{f}_1(x)$　　(b) 目标函数为逻辑回归函数 $\bar{f}_2(x)$

图 5-4　当 $p \geqslant 2$ 时，考虑分布式优化问题，算法 D-ImRK 与 DGD 对比的实验结果

5.5　本章小结

进一步考虑目标函数为光滑强凸函数情形，提出了具有高阶收敛速度的隐式 Runge-Kutta 加速分布式优化算法。本章研究表明隐式 Runge-Kutta 法和 Bregman Lagrangian 在获得加速分布式优化方法中的有效性。首先，通过将 A -稳定 Runge-Kutta 方法应用于由 Bregman Lagrangian 得到的常微分方程，证明了所得离散时间算法比其他算法具有更快的收敛速度，如梯度法和 Nesterov's 加速梯度下降法，其中算法的收敛速度与所采用的积分器的收敛阶数有很大关系。其次，将分布式优化问题等价转换为等式约束的集中式优化问题，并通过原始-对偶方法将其转化为无约束的集中式对偶问题，最后利用 A -稳定 Runge-Kutta 方法对微分方程进行离散化，由此提出了具有高阶收敛速度的加速分布式优化算法 D-ImRK。实验结果表明，所提出的算法 D-ImRK 实现了更快的高阶收敛速度，克服了算法理论收敛速度局限性导致的算法收敛速度慢的问题。未来的工作是将现有的结果推广到更一般的混合算法，例如显-隐式 Runge-Kutta 法、多级高阶隐式 Runge-Kutta 法的一般形式。

第 6 章　总结与展望

6.1　本书主要内容及结论

近年来，人工智能取得了突飞猛进的发展，每天都有新的技术诞生、新的产品发布，在此过程中机器学习技术及其分布式实现起到了很大作用。我们相信，在未来这些技术仍然会是人工智能领域强劲的推动力，对这些技术的学习和研究具有非常重要的意义。

本书研究了基于微分方程的加速分布式优化算法的设计与分析，主要研究内容如下：

考虑到基于无向连通图情形的分布式优化问题，针对小步长导致加速算法收敛速度慢的问题，当目标函数为二次函数时的分布式优化问题，提出了一种线性常微分方程分析加速分布式优化算法收敛性框架。首先，基于现有加速分布式优化算法，利用差商逼近公式通过计算关于步长趋于零取极限建立了算法与常微分方程之间的等价关系，从理论上证明了等价关系的有效性；其次，通过线性矩阵不等式证明了常微分方程解的轨迹曲线指数收敛到优化问题的全局唯一解，最后运用微分方程数值方法对微分方程隐式离散化得到了一种新的线性收敛加速分布式优化算法。由理论分析可得算法 Im-DGD 的步长与目标函数条件数无关，且较原算法步长提升了近一个条件数倍。结果表明，与算法 EXTRA 和算法 DIGing 的收敛性分析方法相比，所提出的算法 Im-DGD 在二次函数情形下实现了较原算法更快的收敛速度。

由于机器学习分类问题中通常使用对数函数、指数函数等作为损失函数，因此，进一步讨论了局部目标函数为一般非线性函数情形的分布式优化问题，计算当步长趋于零时加速分布式优化算法的极限，得到非线性常微分方程，通过构造 Lyapunov 函数并分析其指数衰减性，得到非线性常微分方程解的轨迹曲线以指数收敛的速度收敛于优化问题最优值点。针对加速分布式优化算法的设计问题，通过对所得非线性常微分方程的辛离散化得到了一种新的加速分布式优化算法，运用离散时间 Lyapunov 函数方法证明了算法的线性收敛性。由理论分析可得算法 Sym-DGD 步长与目标函数条件数无关，且较原算法步长提升了一个条件数倍。实验结果表明，所提出的算法 Sym-DGD 在一般非线性函数情形下允许更大的步长选择、实现了较原算法更快的收敛速度。

针对现有加速算法在局部目标函数为光滑凸函数时的最优收敛速度为 $O(1/k^{1.4})$ 的自身局限性，利用变分法思想通过矩阵诱导范数定义了距离生成函数，由 Bregman-Lagrange 函数得到了一类新的二阶常微分方程，并证明了其解曲线收敛于分布式优化问题最优值点的指数收敛速度。通过对微分方程离散化得到了加速分布式优化算法 CoAcc-DGD，证明了所提算法具有 $O(1/k^2)$ 的次线性收敛速度。实验结果表明，相比于算法 Acc-DNGD、加速优化算法 EXTRA 和算法 DIGing，所提出的算法 CoAcc-DGD 具有更快的收敛速度 $O(1/k^2)$ ，这与理论结果相一致。

机器学习中常通过在损失函数中添加 L2 正则项以降低模型复杂度，使得光滑凸的损失函数具备了强凸特性，因此进一步考虑目标函数为光滑强凸函数情形，运用变分方法由 Bregman-Lagrange 函数得到一种新的二阶常微分方程，证明了微分方程解的轨迹曲线具有收敛于最优值点的高阶收敛速度。将分布式优化问题转化为等价的具有等式约束的集中式优化问题，借助于原始-对偶方法将其转化为无约束的对偶优化问题，利用 A-稳定的 Runge-Kutta 方法对微分方程离散化，由此得到了具有高阶收敛速度的加速分布式优化算法 D-ImRK。结果表明，与经典加速优化算法如 Nesterov's 加速梯度法、Heavy-ball 方法相比所提出的算法 D-ImRK 具有更快的高阶收敛速度。

6.2 本书的主要创新点

（1）基于无向连通图，对于光滑且强凸的目标函数提出了一种加速分布式优化算法收敛性分析的常微分方程方法，克服了算法收敛性分析的复杂缩放和不等式分析，并利用隐式离散格式对微分方程离散化开发了一种新的分布式优化算法，所提算法允许更大的步长设置显著提升了算法的收敛速度。

（2）利用矩阵诱导范数定义距离生成函数，考虑了当局部目标函数为光滑凸函数时，运用变分方法提出了一类新的常微分方程，通过构造算法估计序列提出了一种具最优收敛速度的校正加速分布式优化算法，克服了现有加速分布式优化算法收敛速度低于同条件下集中式优化算法收敛速度的问题，证明了所提出的算法保证了最优次线性收敛速度 $O(1/k^2)$，其中 k 是算法迭代次数。

（3）融合数值分析理论，提出了一种具高阶收敛速度的加速分布式优化算法。通过变分方法得到了与优化问题等价的常微分方程，通过变分方法得到了与优化问题等价的常微分方程，利用 A -稳定数值方法对所得微分方程离散化，得到了具有高阶收敛速度的加速分布式优化算法。

6.3　展望

由于分布式优化这个领域发展非常迅速、应用非常广泛，本书内容仅仅是一个研究方向的总结和探索。本书针对连续时间分布式优化算法研究远未达到完善，所提出的算法也存在一定的局限性。首先，第 2 章所提出的基于现有离散时间算法的二阶常微分方程，重点研究了目标函数为正定二次函数的分布式优化问题，并没有考虑一般情形的目标函数，针对非正定二次函数以及非线性函数有待进一步研究。此外，针对二次常微分方程诱导的线性系统的离散化，是基于隐式离散格式的数值方法得到一种新的分布式优化算法，实际中如何对微分方程的离散化仍是一个开放的问题。即使针对线性微分方程，其数值求解方法是非常丰富的，因此有待进一步考虑其他数值离散格式诱导的加速分布式优化算法。第 3 章所提出的关于一般非线性目标函数对应的微分方程的 Lyapunov 收敛性分析及其离散化所得到的一种新的加速分布式优化算法和指数收敛的离散时间 Lyapunov 分析。针对所得到的非线性系统的离散化，这里采用的是基于显—隐式的辛格式数值方法得到了一种新的分布式优化算法，实际中如何对微分方程的离散化仍是一个开放的问题，如何选择合适的数值离散化方法有待进一步探讨。第 4 章从变分法的角度通过构造加权距离生成函数，得到了分布式常微分方程，通过在离散格式中增加合适的辅助迭代公式得到了在凸函数情形的最优收敛速度，仅在数值实验中验证了算法性能，有待在实际中的分布式框架下进一步测试。第 5 章所提出的运用 A -稳定数值离散格式对微分方程进行离散化，所得到的离散时间分布式算法能够保持连续时间的高阶收敛性，在原始—对偶转换时其中要求分布式优化问题是对偶友好地，如何将该分析方法应用于一般情形的优化问题需要进一步讨论。目前，分布式优化的研究仍处于发展阶段，现有的分布式协同优化的研究工作主要以理论的算法收敛性分析为主，如何将分布式协同优化的理论研究与实际应用相结合，是值得深入探索的方向。

分布式优化是以大数据为基础的人工智能时代中优化领域不可或缺的研究方向；分布式优化的研究离不开背景问题和用来实现算法的计算机体系结构，包括硬件环境和软件体系；它的研究需要结合模型设计、算法设计和并行程序开发，属于跨学科的交叉研究方向，十分具有挑战性。关于分布式优化算法的研究一直是多智能体和大规模计算等领域的研究热点。虽然本书围绕算法的设计开展了一系列理论研究，但研究和应用仍存在很多值得讨论的地方，存在大量实际应用问题亟待解决。

（1）目前大多分布式优化算法的研究主要集中在加快算法收敛速度，其基本假设是目标函数是凸的甚至是强凸条件，未来工作可以考虑改善关于目标函数的约束。现有的研究工作没有对算法的具体实际应用进行分析，这是一个值得研究的问题。

（2）目前在学术界和应用领域，关于分布式机器学习的应用得到了日益剧增的关注，未来可以研究分布式优化算法在分布式机器学习应用中的理论分析，以保证学习过程中的收敛性分析和结果的可解释性。如何设计满足大规模计算和隐私安全保护的分布式机器学习算法框架是一个值得思考的问题。当前研究仅考虑了无向连通图框架下的分布式优化问题，未来研究可以考虑基于有向图和时变连通图的分布式优化问题的理论分析和应用研究。

（3）多智能体强化学习是解决多智能体系统问题的一种有效方法，而协作多智能体强化学习专注于解决协作问题。协作多智能体强化学习与分布式优化有非常密切的联系，因此求解分布式优化的高效最优化方法可以被引入求解协作多智能体强化学习问题。更重要的是，目前协作多智能强化学习中的问题，可以通过分布式优化的计算技巧来解决，如去中心化训练、异步训练、通信学习等。深入融合多智能体强化学习与分布式优化会为人工智能、智能系统等领域带来更丰富的研究成果与技术积累。

参考文献

[1] 洪奕光，张艳琼．分布式优化：算法设计和收敛性分析［J］．控制理论与应用，2014，31（7）：850-857.

[2] B Murtagh，M A Saunders. Large-scale linearly constrained optimization［J］．Mathematical Programming，1978，14（1）：41-72.

[3] L Grippo，M Sciandrone. On the convergence of the block nonlinear Gauss-Seidelmethod under convex constraints［J］．Operations Research Letters，2000，26（3）：127-136.

[4] 衣鹏，洪奕光．分布式合作优化及其应用［J］．中国科学：数学，2016，46（10）：1547-1564.

[5] T Yang，X Yi，J Wu，et al. A survey of distributed optimization［J］．Annual Reviews in Control，2019，47：278-305.

[6] J N Tsitsiklis. Problems in decentralized decision making and computation［J］．Cambridge：Massachusetts Institute of Technology，1984.

[7] J N Tsitsiklis，D P Bertsekas，M Athans. Distributed asynchronous deterministic and stochastic gradient optimization algorithms［J］．IEEE Transactions on Automatic Control，1986，31（9）：803-812.

[8] D P Bertsekas，J N Tsitsiklis. Parallel and Distributed Computation：Numerical Methods［M］．New York：Prentice Hall，1989.

[9] Y Censor，S A Zenios. Parallel Optimization：Theory，Algorithms，and Applications［M］．New York：Oxford University Press，1997.

[10] B Johansson. On Distributed Optimization in Networked Systems［D］．Stockholm：KTH Royal Institute of Technology，2008.

[11] A Nedic，A Ozdaglar. Distributed subgradient methods for multi-agent optimization［J］．IEEE Transactions on Automatic Control，2009，54（1）：48-61.

[12] H Zhang，Z Zhao，Z Meng，et al. Experimental verification of a multi-robot distributed control algorithm with containment and group dispersion behaviors：The case of dynamic leaders［J］．IEEE/CAA Journal of Automatica Sinica，2014，1（1）：54-60.

[13] M Rabbat，R Nowak. Distributed optimization in sensor networks［M］．In：Proceedings of Third International Symposium on Information Processing in Sensor Networks，2004，2004：20-27.

[14] J A Bazerque, G B Giannakis. Distributed spectrum sensing for cognitive radio networks by exploiting sparsity [J]. IEEE Transactions on Signal Processing, 2010, 58 (3): 1847-1862.

[15] A Nedic, A Olshevsky, W Shi. Improved convergence rates for distributed resource allocation [J]. ArXiv preprint arXiv; 1706.05441, 2017.

[16] D K Molzahn, F Dörfler, H Sandberg, et al. A Survey of distributed optimization and control algorithms for electric power systems [J]. IEEE Transactions on Smart Grid, 2017, 8 (6): 2941-2962.

[17] P Forero, A Cano, G Giannakis. Consensus-based distributed support vector machines [J]. Journal of Machine Learning Research, 2010, 11: 1663-1707.

[18] S Boyd, N Parikh, E Chu, et al. Distributed optimization and statistical learning via the alternating direction method of multipliers [J]. Foundations & Trends in Machine Learning, 2010, 3 (1): 1-122.

[19] Y Nesterov. Accelerating the cubic regularization of Newton's method on convex problems [J]. Mathematical Programming, 2008, 112 (1): 159-181.

[20] J C Duchi, A Agarwal, M J Wainwright. Dual averaging for distributed optimization: Convergence analysis and network scaling [J]. IEEE Transactions on Automatic Control, 2012, 57 (3): 592-606.

[21] L Xiao, S Boyd. Optimal scaling of a gradient method for distributed resource allocation [J]. Journal of Optimization Theory and Applications, 2006, 129: 469-488.

[22] I Matei, J S Baras. Performance evaluation of the consensus-based distributed subgradient method under random communication topologies [J]. In IEEE Journal of Selected Topics in Signal Processing 2011, 5 (4): 754-771.

[23] Y Yuan, G B Stan, L Shi, et al. Decentralised minimum-time consensus [J]. Automatica, 2013, 49 (5): 1227-1235.

[24] A Nedic, A Olshevsky. Distributed optimization over time-varying directed graphs [J]. IEEE Transactions on Automatic Control, 2015, 60 (3): 601-615.

[25] A Nedic, A Olshevsky. Stochastic gradient-push for strongly convex functions on time-varying directed graphs [J]. IEEE Transactions on Automatic Control, 2016, 61 (12): 3936-3947.

[26] D Jakovetic, J Xavier, J M F Moura. Fast distributed gradient methods [J]. IEEE Transactions on Automatic Control, 2014, 59 (5): 1131-1146.

[27] I A Chen. Fast distributed first-order methods [D]. Cambridge: Massachusetts institute of technology, 2012.

[28] R Olfati-Saber, J A Fax, R M Murray. Consensus and cooperation in networked multi-agentsystems [J]. Proceedings of the IEEE, 2007, 95 (1): 215-233.

[29] W Ren, R W Beard, E M Atkins. Information consensus in multivehicle cooperative control

[J]. IEEE Control Systems Magazine, 2007, 27 (2): 71-82.

[30] W Gao, Z P Jiang, F L Lewis, et al. Leader-to-formation stability of multiagent systems: An adaptive optimal control approach [J]. IEEE Transactions on Automatic Control, 2018, 63 (10): 3581-3587.

[31] A Nedic, A Olshevsky. Distributed optimization over time-varying directed graphs [J]. IEEE Transactions on Automatic Control, 2015, 60 (3): 601-615.

[32] A Nedic, J Liu. Distributed optimization for control [J]. Annual Review of Control, Robotics, and Autonomous Systems, 2018, 1 (1): 77-103.

[33] 杨涛，柴天佑．分布式协同优化的研究现状与展望 [J]. 中国科学：技术科学，2020, 50 (11): 6-17.

[34] 王龙，卢开红，关永强．分布式优化的多智能体方法 [J]. 控制理论与应用，2019, 36 (11): 1820-1883.

[35] Y Nesterov. Primal-dual subgradient methods for convex problems [J]. Mathematical Programming, 2009, 120 (1): 221-259.

[36] Y Zhang, Y Lou, Y Hong. An approximate gradient algorithm for constrained distributed convex optimization [J]. IEEE/CAA Journal of Automatica Sinica, 2014, 1 (1): 61-67.

[37] T Charalambous, Y Yuan, T Yang, et al. Distributed finite-time average consensuss in digraphs in the presence of time delays [J]. IEEE Transactions on Control of Network Systems, 2015, 2 (4): 370-381.

[38] 谢佩，游科友，洪奕光，等．网络化分布式凸优化算法研究进展 [J]. 控制理论与应用，2018, 35 (7): 918-927.

[39] I Matei, J S Baras. Performance evaluation of the consensus-based distributed sub-gradient method under random communication topologies [J]. IEEE Journal of Selected Topics in Signal Processing, 2011, 5 (4): 754-771.

[40] K Yuan, Q Ling, W Yin. On the convergence of decentralized gradient descent [J]. SIAM Journal on Optimization, 2016, 26 (3): 1835-1854.

[41] A Nedic, A Olshevsky, W Shi. Achieving geometric convergence for distributed optimization over time-varying graphs [J]. SIAM Journal on Optimization, 2017, 27 (4): 2597-2633.

[42] G Qu, N Li. Harnessing smoothness to accelerate distributed optimization [J]. IEEE Transactions on Control of Network Systems, 2018, 5 (3): 1245-1260.

[43] G Qu, N Li. Accelerated distributed Nesterov gradient descent [J]. IEEE Transactions on Automatic Control, 2020, 65 (6): 2566-2581.

[44] W Shi, Q Ling, G Wu, et al. EXTRA: An exact first-order algorithm for decentralized consensus optimization [J]. SIAM Journal on Optimization, 2015, 25 (2): 944-966.

[45] E Wei, A Ozdaglar. On theO (1=k) convergence of asynchronous distributed alternating direc-

tion method of multipliers [J]. In: Proceedings of 2013 IEEE Global Conference on Signal and Information Processing. IEEE, 2013: 551-554.

[46] A Makhdoumi, A Ozdaglar. Convergence rate of distributed ADMM over networks [J]. IEEE Transactions on Automatic Control, 2017, 62 (10): 5082-5095.

[47] J Xu, S Zhu, Y C Soh, L Xie. Convergence of asynchronous distributed gradient methods over stochastic networks [J]. IEEE Transactions on Automatic Control, 2018, 63 (2): 434-448.

[48] D Jakovetic. A unification and generalization of exact distributed first-order methods [J]. IEEE Transactions on Signal and Information Processing over Networks, 2019, 5 (1): 31-46.

[49] T Yang, J George, J Qin, et al. Distributed least squares solver for network linear equations [J]. Automatica, 2020, 113: 108798.

[50] Yuan Y, Tang X, Zhou W, et al. Data driven discovery of cyber physical systems [J]. Nature communications, 2019, 10 (1): 1-9.

[51] J Wang, N Elia. Control approach to distributed optimization [J]. In: Proceedings of the 48th Annual Allerton Conference on Communication, Control, and Computing (Allerton), 2010: 557-561.

[52] B Gharesifard, J Cortes. Distributed continuous-time convex optimization on weight-balanced digraphs [J]. IEEE Transactions on Automatic Control, 2014, 59 (3): 781-786.

[53] S S Kia, J Cortes, S Martinez. Distributed convex optimization via continuous-time coordination algorithms with discrete-time communication [J]. Automatica, 2015, 55: 254-264.

[54] Y Xie, Z Lin. Global optimal consensus for multi-agent systems with bounded controls [J]. Systems & Control Letters, 2017, 102: 104-111.

[55] J Lu, C Y Tang. Zero-gradient-sum algorithms for distributed convex optimization: The continuous-time case [J]. IEEE Transactions on Automatic Control, 2012, 57 (9): 2348-2354.

[56] M Mazouchi, M B Naghibi-Sistani, S K H Sani. A novel distributed optimal adaptive control algorithm for nonlinear multi-agent differential graphical games [J]. IEEE/CAA Journal of Automatica Sinica, 2018, 5 (1): 331-341.

[57] W Chen, W Ren. Event-triggered zero-gradient-sum distributed consensus optimization over directed networks [J]. Automatica, 2016, 65: 90-97.

[58] Y Nesterov. Introductory lectures on convex optimization: A basic course [D]. Berlin: Springer Science & Business Media, 2013.

[59] C Bishop. Pattern recognition and machine learning [D]. Berlin: Springer, 2006.

[60] L Ljung. System identification: Theory for the user [D]. New York: Prentice-Hall, 1986.

[61] J Doyle. Robustand optimal control [J]. In: Proceedings of 35th IEEE Conference on Decision and Control, 1996: 1595-1598.

[62] A E Bryson, Y Ho, G M Siouris. Applied optimal control: Optimization, estimation, and con-

trol [J]. IEEE Transactions on Systems, Man, and Cybernetics, 1979, 9 (6): 366-367.

[63] D Leonard, N Long. Optimal control theory and static optimization in economics [D]. Cambridge: Cambridge University Press, 1992.

[64] S Boyd, L Vandenberghe. Convex optimization [D]. Cambridge: Cambridge university press, 2004.

[65] B T Polyak. Some methods of speeding up the convergence of iteration methods [J]. USSR Computational Mathematics and Mathematical Physics, 1964, 4 (5): 1-17.

[66] P Pedregal. Introduction to optimization [D]. Berlin: Springer Science & Business Media, 2006.

[67] Y Nesterov. A method for solving the convex programming problem with convergence rate O (1/k^2) [J]. Proceedings of the USSR Academy of Sciences, 1983, 269: 543-547.

[68] A Beck, M. Teboulle. A fast iterative shrinkage-thresholding algorithm for linear inverse problems [J]. SIAM Journal on Imaging Sciences, 2009, 2 (1): 183-202.

[69] Y Nesterov. Gradient methods for minimizing composite functions [J]. Mathematical Programming, 2013, 140 (1): 125-161.

[70] Y Nesterov. Efficiency of coordinate descent methods on huge-scale optimization problems [J]. SIAM Journal on Optimization, 2012, 22 (2): 341-362.

[71] Q Lin, Z Lu, L Xiao. An accelerated proximal coordinate gradient method [J]. In: Proceedings of Advances in Neural Information Processing Systems, 2014: 3059-3067.

[72] C Hu, W Pan, J Kwok. Accelerated gradient methods for stochastic optimization and online learning [J]. In: Proceedings of Advances in Neural Information Processing Systems, 2009: 781-789.

[73] G Lan. An optimal method for stochastic composite optimization [J]. Mathematical Programming, 2012, 133 (1): 365-397.

[74] I Necoara, Y Nesterov, Glineur F. Linear convergence of first order methods for non-strongly convex optimization [J]. Mathematical Programming, 2019, 175 (1): 69-107.

[75] P Tseng. On accelerated proximal gradient methods for convex-concave optimization [J]. SIAM Journal on Optimization, 2008.

[76] A Juditsky, A Nemirovski. First order methods for nonsmooth convex large-scale optimization, i: general purpose methods [J]. Optimization for Machine Learning, 2011, 30 (9): 121-148.

[77] W J Su, S Boyd, E Candes. A differential equation for modeling Nesterov's accelerated gradient method: Theory and insights [J]. In: Proceedings of Advances in Neural Information Processing Systems, 2014: 2510-2518.

[78] Z Qin, D Goldfarb. Structured sparsity via alternating direction methods [J]. Journal of Machine Learning Research, 2012, 13 (48): 1435-1468.

[79] L Lessard, B Recht, A Packard. Analysis and design of optimization algorithms via integral quadratic constraints [J]. SIAM Journal on Optimization, 2016, 26 (1): 57-95.

[80] A A Brown, M C Bartholomewbiggs. Some effective methods for unconstrained optimizationbased on the solution of systems of ordinary differential equations [J]. Journa lof Optimization Theory and Applications, 1989, 62 (2): 211-224.

[81] J Schropp, I Singer. A dynamical systems approach to constrained minimization [J]. Numerical Functional Analysis and Optimization, 2000, 21 (3-4): 537-551.

[82] U Helmke, J B Moore. Optimization and dynamical systems [D]. Berlin: SpringerScience & Business Media, 2012.

[83] L Z Liao, H Qi, L Qi. Neurodynamical optimization [J]. Journal of Global Optimization, 2004, 28 (2): 175-195.

[84] S Fiori. Quasi-geodesic neural learning algorithms over the orthogonal group: A tutorial [J]. Journalof Machine Learning Research, 2005, 6 (26): 743-781.

[85] B Shi, S S Du, M I Jordan, et al. Understanding the acceleration phenomenon via high-resolutiondifferential equations [J]. ArXiv preprint arXiv: 1810.08907, 2018.

[86] B Shi, S S Du, Su W, et al. Acceleration via symplectic discretization of high-resolution differential equations [J]. In: Proceedings of NeurIPS 2019: Thirty-third Conference on Neural Information Processing Systems, 2019: 5744-5752.

[87] H B Durr, C Ebenbauer. On a class of smooth optimization algorithms with applications in control. IFAC Proceedings Volumes, 2012, 45 (17): 291-298.

[88] A Wibisono, A C Wilson, M I Jordan. A variational perspective on accelerated methods in optimization [J]. National Acad Sciences, 2016: E7351-E7358.

[89] X Zeng, J Lei, J Chen. Dynamical primal-dual accelerated method with applications to networkoptimization [J]. ArXiv preprint arXiv: 1912.03690, 2019.

[90] Z Allen-Zhu, L Orecchia. Linear coupling: An ultimate unification of gradient and mirror descent [J]. ArXiv preprint arXiv: 1407.1537, 2014.

[91] J Zhang, S Sra, A Jadbabaie. Acceleration in first order quasi-strongly convex optimization by ODE discretization [J]. ArXiv preprint arXiv: 1905.12436, 2019.

[92] J Zhang, A Mokhtari, S Sra, et al. Direct Runge-Kutta discretization achieves acceleration [J]. In: Proceedings of Advances in Neural Information Processing Systems, 2018: 3904-3913.

[93] M Muehlebach, M I Jordan. A dynamical systems perspective on Nesterov acceleration [J]. ArXiv preprint arXiv: 1905.07436, 2019.

[94] Y Yuan, M Li, J Liu, et al. On the powerball method: Variants of descent methods for accelerated optimization [J]. IEEE Control Systems Letters, 2019, 3 (3): 601-606.

[95] J Zhang, C A Uribe, A Mokhtari, et al. Achieving acceleration in distributed optimization via

direct discretization of the Heavy-Ball ODE [J]. In: Proceedings of 2019 American Control Conference (ACC), 2019: 3408-3413.

[96] J C Duchi, A Agarwal, M J Wainwright. Distributed Dual Averaging in Networks [J]. In Proceedings of the 23rd International Conference on Neural Information Processing Systems, 2010, 1: 550-558.

[97] P Lancaster, M Tismenetsky. The theory of matrices: With applications [M]. Orlando: Academic Press, 1985.

[98] 张诚坚，覃婷婷 . 科学计算引论 [M]. 北京：科学出版社，2011.

[99] X D Zhang. Matrix Analysis and Applications [M]. Cambridge: Cambridge University Press, 2017.

[100] P Erdos, A Renyi. On random graphs i [M]. Debrecen: Publicationes Mathematicae, 1959, 4: 3286-3291.

[101] T Liu, Z Qin, Y Hong Y, et al. Distributed optimization of nonlinear multi-agent systems: A small-gain approach [J]. In: Proceedings of 2019 IEEE 58th Conference on Decision and Control (CDC), 2019, 2019: 5252-5257.

[102] S Shalev-shwartz, Y Singer. Logarithmic regret algorithms for strongly convex repeated games [J]. In: Proceedings of the Hebrew University, 2007.

[103] R Xin, S Kar, U A Khan. Gradient tracking and variance reduction for decentralized optimization and machine learning [J]. ArXiv preprint arXiv: 2002. 05373, 2020.

[104] E Hairer, S P Nørsett, Wanner G. Solving ordinary differential equations I: Nonstiff problems [M]. Berlin: Springer, 1987.

[105] G Wanner, E Hairer. Solving ordinary differential equations II: Stiff and differential-algebraic problems [M]. Springer Berlin Heidelberg, 1996.

[106] S F Li. Theory of computational methods for stiff differential equations [M]. Changsha: Hunan Science and Technology Publisher, 1997.

[107] G G Dahlquist. A special stability problem for linear multistep methods [J]. BIT Numerical Mathematics, 1963, 3 (1): 27-43.

[108] E Hairer, C Lubich, G Wanner. Geometric numerical integration: Structure-preserving algorithms for ordinary differential equations [M]. Berlin: Springer Science & Business Media, 2006.

[109] R Tutunov, H Bou-Ammar, A Jadbabaie. Distributed Newton Method for Large-Scale Consensus Optimization [J]. IEEE Transactions on Automatic Control, 2019, 64: 3983-3994.

[110] D Bertsekas, A Nedic, A Ozdaglar. Convex analysis and optimization [J]. Athena Scientific Belmont, 2003.

[111] M Raginsky, J Bouvrie. Continuous-time stochastic Mirror Descent on a network: Variance re-

duction, consensus, convergence [J]. In: Proceedings of 2012 IEEE 51st IEEE Conference on Decision and Control (CDC), 2012, 6793-6800.

[112] A Beck, M Teboulle. A fast dual proximal gradient algorithm for convex minimization and applications [J]. Operations Research Letters, 2014, 42 (1): 1-6.

[113] R T Rockafellar, R J B. Wets. Variational analysis [M]. Berlin: Springer Science & Business Media, 2009.

[114] Y Nesterov. Smooth minimization of non-smooth functions [J]. Mathematical Programming, 2005, 103 (1): 127-152.

[115] S M Kakade, S Shalev-Shwartz, A Tewari. Applications of strong convexity-strong smoothness duality to learning with matrices [J]. ArXiv preprint arXiv: 0910.0610, 2009.

[116] A C Wilson, B Recht, M I Jordan. A Lyapunov analysis of momentum methods in optimization [J]. ArXiv preprint arXiv: 1611.02635, 2018.